wow

Ruth Grützbauch

Sternenjahr auf Unsichtbar

aufbau

Die spannendsten Geschichten über das Universum erzählen die Dinge am Himmel, die wir *nicht* sehen können! Von Alien Earths über Dunkle Materie bis zur Rückseite des Mondes – Ruth Grützbauch blickt auf der Suche nach den faszinierendsten unsichtbaren Phänomen durch die Augen des James-Webb-Weltraumteleskops, wirft einen Röntgenblick auf das Spektrum des unsichtbaren Lichts, auf Bilder aus Neutrinos und auf Sterne, die es womöglich gar nicht mehr gibt. Ihr Buch ist ein origineller Führer durch das astronomische Jahr, das uns Monat für Monat der Lösung der größten Rätsel des Kosmos näherbringt. Lehrreich, unterhaltsam, augenöffnend.

Ruth Grützbauch ist Astronomin und hat zu Zwerggalaxien promoviert. Seit 2017 ist sie mit ihrem Pop-up-Planetarium unterwegs, um den Menschen die unendlichen Weiten des Weltraums näherzubringen. Seit Anfang 2020 gestaltet sie zusammen mit Florian Freistetter den Podcast »Das Universum«, der zu den erfolgreichsten deutschsprachigen Wissenschaftspodcasts gehört. Sie ist Mitglied der Science Busters. Bei Aufbau erschien von ihr »Per Lastenrad durch die Galaxis« (2021). Die Autorin lebt in Wien.

Ruth Grützbauch

STERNENJAHR AUF UNSICHTBAR

12 Himmelsphänomene, die wir nicht sehen, obwohl sie da sind

aufbau

Mit 12 Abbildungen

MIX
Papier | Fördert gute Waldnutzung
FSC® C083411
FSC www.fsc.org

ISBN 978-3-351-04246-2

Aufbau ist eine Marke der
Aufbau Verlage GmbH & Co. KG

1. Auflage 2024

www.aufbau-verlage.de
10969 Berlin, Prinzenstraße 85

Satz Greiner & Reichel, Köln
Druck und Binden CPI books GmbH, Leck, Germany

Printed in Germany

Denn von allen Gedanken
schätz ich doch am meisten
die interessanten

— Die Sterne

Inhaltsverzeichnis

Einleitung

Das Sehen mit den eigenen Augen ist total überschätzt. Es verleiht den Dingen trügerische Realität, obwohl wir wissen, dass unsere Augen alles andere als verlässliche Messinstrumente sind.

Unsere visuelle Realität entsteht erst in unserem Kopf und bildet dabei nur einen winzigen Teil dessen ab, was um uns herum vor sich geht, und noch dazu schlecht. Das wusste auch der Schriftsteller und Pilot Antoine de Saint-Exupéry, als er seinen kleinen Prinz sinngemäß sagen ließ: *Man sieht nur mit dem Fernrohr gut, das Wesentliche ist für unsere Augen unsichtbar.*

Natürlich ist es großartig, Himmelsobjekte mit eigenen Augen zu sehen. Der funkelnde Sternenhimmel in einer klaren, dunklen Nacht, fern jeglicher Zivilisation ist ein spektakulärer Anblick. Das erste Mal einen anderen Planeten durch ein Fernrohr als eigenständige andere Welt wahrzunehmen, mehr als nur einen Punkt zu sehen, hinterlässt einen bleibenden Eindruck. Etwas zu sehen, gibt uns einen Bezug zu den Dingen und hilft uns dabei, sie zu verstehen – aber nicht immer. Oft steht uns unsere optische Fixiertheit sogar im Weg, wenn wir glauben, uns etwas bildlich vorstellen können zu müssen, um es zu verstehen.

Wenn wir die Dinge immer nur mit unseren eigenen Augen sehen, verpassen wir eine Fülle an unvorstellbaren und absurden Phänomenen, die sehr erfrischend und im wahrsten Sinne horizonterweiternd sein können. Die überwältigende Mehrheit und vor allem die richtig argen und spannenden Dinge da draußen sind für unsere Augen komplett unsichtbar. In den folgenden zwölf Kapiteln werden wir darum Monat für Monat versuchen, den Himmel mit etwas anderen Augen zu sehen – und uns anschauen, wie das Unsichtbare unseren Blick auf die Welt verändern kann.

Doch bevor wir uns in die Aufreger des Monats hineinstürzen, die wir dieses und auch jedes andere Jahr wieder nicht zu Gesicht bekommen werden: Was genau ist mit »Unsichtbar« gemeint? Unsichtbare Dinge decken ja ein breites Spektrum ab. Es gibt im Grunde vier Möglichkeiten, warum Dinge unsichtbar sind. Werfen wir einen schnellen Blick darauf in meiner persönlichen Reihenfolge von eher weniger bis sehr spannend.

1. Dinge, die es nicht gibt

Das ist zwar ziemlich selbsterklärend, aber der Vollständigkeit halber kommen sie hier vor. Dazu gehören zum Beispiel außerirdische Lichtwesen, wie Plejadier oder Aldebaraner oder wie sie alle heißen mögen – mal ganz abgesehen davon, dass das bescheuerte Namen sind, denn wir Menschen heißen ja auch nicht nach unserem Stern *Sonner* oder *Solarer*. In diese Kategorie fallen auch fliegende Untertassen oder Teekannen im Weltraum und andere nicht widerlegbare Dinge und Geschöpfe, leider auch Einhörner – es sei denn, sie sind ein Sternbild. Diese Kategorie werden wir weitgehend ausklammern.

2. Dinge, die zu weit weg und deshalb zu klein und schwach sind, um sie zu sehen

Unsere Augen sind sehr klein, können nur wenig Licht sammeln und haben ein sehr begrenztes Auflösungsvermögen. Wir haben einfach zu kleine Gesichter. Dieses Problem lösen wir seit gut 400 Jahren mit Teleskopen. Je größer ein Teleskop, desto mehr Licht kann es sammeln und umso größer ist die Auflösung. Die Dinge dieser Kategorie könnten wir also auch sehen, wenn unsere Augen ein paar Meter groß wären und stundenlange Langzeitbelichtungen machen könnten. Dazu gehören eigentlich fast alle klassischen Himmelsobjekte, abgesehen von Sonne, Mond, Planeten und den 6000 Sternen in unserer Nachbarschaft, die wir mit freiem Auge am Himmel sehen können. Die entferntesten dieser Sterne sind einige Tausend Lichtjahre* weit weg. Ihr Licht hat also Tausende Jahre bis zu uns gebraucht. Wie weit können wir genau blicken? Einen Stern wie die Sonne würden wir in bis zu 60 Lichtjahren Entfernung sehen können. Das Leuchten der riesigen Monstersterne sehen wir aber noch von wesentlich weiter weg. Einer der entferntesten Sterne, die man noch mit freiem Auge sehen kann, ist Eta Carinae, eigentlich ein Doppelstern, in etwa 7500 Lichtjahren Entfernung. Teilweise noch weiter entfernt und trotzdem gut sichtbar ist die Scheibe der Milchstraße, das kollektive Licht von

---

* Ein Lichtjahr ist die Entfernung, die das Licht in einem Jahr zurücklegt.

Milliarden von Sternen unserer Galaxie, das wir als milchiges Band am Himmel sehen können. Doch das am weitesten entfernte und trotzdem noch ohne Teleskop sichtbare Ding am Himmel ist unsere Nachbargalaxie, die Andromeda-Galaxie, in gut zweieinhalb *Millionen* Lichtjahren Entfernung. Alles, was mehr als 2,5 Millionen Lichtjahre von uns entfernt ist, ist aber für unsere Augen definitiv unsichtbar.

3. Dinge die wir auch mit Riesenaugen nicht sehen könnten, weil sie eine unsichtbare Farbe haben

Der Regenbogen, den wir sehen, ist ja nur ein winziger Teil des gesamten Regenbogens des Lichts, des sogenannten elektromagnetischen Spektrums. Die Farben, die wir sehen, liegen ziemlich in der Mitte, das heißt, es geht auf beiden Seiten nach rot und vor violett noch mit jeder Menge anderer unsichtbarer Farben weiter. Farben sind nichts anderes als die Länge der Lichtwellen. Und die Wellenlänge wiederum bedeutet die Energie, die das Licht mit sich trägt. Was wir sehen, ist eigentlich fast nur Sternenlicht. Darauf sind unsere Augen aus gutem Grund optimiert, denn um uns herum wird fast alles von Sternenlicht beleuchtet: vom Licht unseres Sterns, der Sonne. Die Farben, die wir sehen, kommen von Dingen, die so heiß sind wie Sterne. Auch wenn kühlere Dinge um uns herum diese Farben reflektieren, kommt das Licht und kommen somit auch die Farben ursprünglich von der Sonne. Kühlere Dinge leuchten in röteren Farben, Infrarot und Radiowellen, wie zum Beispiel Planeten oder interstellare Gas- und Staubwolken. Heißere Dinge strahlen in violetteren Farben, Ultraviolett und Röntgenstrahlung, wie etwa heiße Riesensterne, oder extrem heißes Gas, das um Schwarze Löcher herumwirbelt. Und dann gibt es noch das Licht mit der höchsten Energie: Gammastrahlung. Die wird nicht mehr durch die Temperatur, also chaotische Bewegung der Teilchen, erzeugt, sondern durch andere, ärgere Prozesse. Meistens sind dabei auf extreme Geschwindigkeiten beschleunigte Teilchen involviert, relativistische Elektronen in horrenden Magnetfeldern, wie z. B. in Pulsaren, bei Supernova-Explosionen, oder in aktiven Galaxienkernen.

Und dann gibt es noch:

4. Die wirklich unsichtbaren Dinge

Sie wären unsichtbar, auch wenn ich sie direkt vor meiner Nase hätte. Dunkle Materie zum Beispiel, die gar nicht dunkel ist, sondern durchsichtig, oder eben unsichtbar. Kurioserweise besteht ja der überwältigende Großteil des Universums aus komplett unsichtbaren Dingen, von denen wir dementsprechend auch noch nicht wissen, was sie sind. Darunter fallen die Dunkle Materie und die Dunkle Energie, die gemeinsam etwa 95 Prozent des Universums ausmachen. Schwarze Löcher könnte man auch zu dieser Kategorie zählen. Nur wenn ein Schwarzes Loch gerade Material verschluckt oder man sehr nahe dran ist, kann man es sehen: als gähnende, licht-verschluckende Leere, deren unendlich konzentriertes Gewicht ein Loch in den Raum gerissen hat.

All die wirklich unsichtbaren Dinge und auch einige Farben des unsichtbaren Regenbogens werden in unserem Abenteuer mit dabei sein. Packen Sie die Augenklappen aus, klappen Sie das Visier runter. Kommen Sie mit mir auf die dunkle Seite. Es wird Zeit, dass wir uns dem aufregenden unsichtbaren Universum widmen.

Januar

Exoplaneten

Wie man Aliens findet

01

Der 8. Januar 2022 war ein ganz besonderer Tag für die Wissenschaft. Es grenzt beinahe an ein Wunder, dass die riesigen Steine, die all den Astronominnen und Astronomen auf der ganzen Welt von ihren Herzen gefallen sind, keine Verschiebung der Erdbahn bewirkt oder zumindest Tausende kleine Krater erzeugt haben. Ich war mir ja sicher, dass bei dem verrückten Vorhaben, das man mit wissenschaftlichem Understatement als »ambitioniert« bezeichnen würde, irgendetwas schiefgehen musste. Aber nein, es lief alles sogar viel besser als erwartet, was ausnahmsweise mal nicht an der bekannten Überschwänglichkeit der NASA-Kommunikationsabteilung lag. Auch bei den anderen, normalerweise zurückhaltenderen Projektpartnern war die Aufregung spürbar.

Es war der Tag, an dem sich das *James Webb Space Telescope* (JWST) erfolgreich auseinandergefaltet hatte. Während einer 14-tägigen Tortur des Wartens für alle Beteiligten hatten sich nach und nach alle Strukturen und Mechanismen des riesigen Weltraumteleskops vollautomatisch in Position gebracht. Die 18 Spiegelsegmente des sechs Meter großen Hauptspiegels waren wie ein Flügelaltar in drei Teile gefaltet. Die Halterung des Sekundärspiegels war nach oben und hinten eingeklappt. Die einzelnen Schichten des Tennisplatz-großen, fünflagigen Sonnenschirms, dessen dickste

Schicht mit fünf hundertstel Millimetern Dicke dünner als ein menschliches Haar ist, mussten aus ihrer Hülle geschält, ausgefahren und aufgespannt werden. Die Entfaltung des Teleskops* bot mit 344 *Single Points of Failure*, also unabhängigen Fehlerquellen, wirklich immense Möglichkeiten des Scheiterns. Jeder kleine Schieber, jede Klappe, jede Abdeckung, jede ausgefahrene Stange und Fixierung musste fehlerfrei funktionieren und hochpräzise in Position gebracht werden, um nicht das ganze Gerät in ein riesiges Stück Weltraumschrott zu verwandeln. Und das nachdem das Teil in einem Raketenstart ordentlich durchgeschüttelt worden war. Der war übrigens einer der schönsten Starts, die die Ariane 5 jemals hingelegt hat. Der Raketenstart war so perfekt, dass das Teleskop danach kaum mehr Treibstoff brauchte, um seine Bahn Richtung *Outer Space* zu korrigieren. Die Ariane 5 hatte das Teleskop so präzise in den Weltraum hinausgeschleudert, dass es sich die anderthalb Millionen Kilometer bis zu seinem Ziel, dem Lagrangepunkt L2 (einem Punkt der Balance zwischen den Anziehungskräften von Erde und Sonne), dahintreiben lassen konnte. Nur zwei kurze und sowieso geplante Manöver waren notwendig. Den gesparten Treibstoff kann das Teleskop im Laufe seines Betriebs gut brauchen, da es seine Umlaufbahn im Weltraum immer wieder ein wenig korrigieren muss. So konnte die Lebensdauer des JWST weit über die geplanten 5–10 Jahre hinaus verlängert und vermutlich sogar verdoppelt werden. Ein Abschiedsgeschenk der europäischen Rakete, die im Juni 2023 nach 27 Arbeitsjahren in Pension ging.

---

* Hier eine Animation des Prozesses: https://svs.gsfc.nasa.gov/14016

Ende Januar 2022 war das JWST dann in seinem Orbit um L2 angekommen, in dem es sich seitdem befindet. Für Ambitionierte ist es sogar möglich, das Teleskop am Himmel zu erblicken. Am besten jetzt gerade, denn im Januar steht es hoch am Himmel und ist jede Nacht zu sehen. Der Lagrangepunkt L2 liegt nämlich genau gegenüber der Sonne, im Januar in etwa dort, wo im Juli die Sonne wäre. Durch seine Umlaufbahn um L2 kreist das JWST mehr oder weniger in 30° Abstand um diesen Punkt, also drei Fäuste der ausgestreckten Hand am Himmel davon entfernt. Im Januar 2022 konnte man es knapp neben dem Orion im Sternbild Einhorn sehen, im Januar 2025 ist es in der Region zwischen den Sternbildern Einhorn, Orion und den Zwillingen unterwegs*. Aber erwarten Sie nicht, das Ding mit bloßem Auge am Himmel zu sehen wie die Internationale Raumstation[1]. Es ist ja doch wesentlich weiter von uns entfernt und hat eine Helligkeit von nur etwa 15 Magnituden. Wenn Ihnen das etwas sagt, haben Sie vermutlich auch ein Teleskop zu Hause, das groß genug ist, um das JWST tatsächlich zu beobachten. Sein Sonnensegel reflektiert zwar viel Sonnenlicht, doch es ist trotzdem mehr als tausend Mal schwächer als die schwächsten Sterne, die man bei dunkelstem Himmel noch sehen kann. Mit einem guten Amateurteleskop eine Herausforderung, aber durchaus möglich.

Das eigentlich Interessante ist jedoch nicht, das JWST zu beobachten, sondern *durch* das JWST zu beobachten. Jetzt wissen die Eingeweihten, dass man in der professionellen

---

* Auf https://theskylive.com/planetarium können Sie nachschauen, wo es gerade ist – einfach im Suchfeld James Webb eingeben.

Astronomie nicht wirklich durch Teleskope schaut, vor allem natürlich nicht, wenn sie Millionen von Kilometern von der Erde entfernt sind. Doch auch die großen erdgebundenen Teleskope haben keine Okulare; da ist kein Ende, durch das man durchschauen könnte. Das direkte Beobachten ist von sehr geringem wissenschaftlichem Wert, denn unser Auge ist zwar ein tolles Instrument, aber es kann keine Langzeitbelichtungen machen und vor allem nicht messen und aufzeichnen, was es sieht. Statt der Linsen des Okulars, die uns das vergrößerte Bild zeigen, sind bei modernen Teleskopen Instrumente angebracht, die das Licht entweder als Bild aufzeichnen (Kameras) oder gleich in seine Einzelteile zerlegen, um es genauer zu untersuchen (Spektrographen).

Diese Instrumente machen also die Bilder, die wir uns nachher ansehen können. Bilder, die natürlich echt sind, aber selten »wirklich« so aussehen würden. Bei vielen großen Teleskopen werden die gleichen Farben beobachtet, die auch wir sehen können. Allerdings wird das Licht immer über einen langen Zeitraum gesammelt. Und so werden die Dinge sichtbar gemacht, die wir wegen der mangelnden Sensitivität unserer Augen nicht sehen können. Die Farben in den Bildern sind schon die echten Farben, aber sie würden für uns nie so aussehen, weil sie für unsere Augen nicht hell genug sind. In der Nacht sind alle Katzen grau. Doch das *James Webb* ist anders. Die Katzen des JWST sind unsichtbar. Seine Kameras und Spektrographen sammeln ausschließlich unsichtbares Licht, nämlich Infrarotlicht. Wir haben auch Sensoren, die Infrarotlicht wahrnehmen können: in unserer Haut, als Wärme, aber damit kann man leider keine Bilder machen.

Das JWST sieht also ausschließlich Dinge, die wir nicht sehen können. Ich sehe was, was du nicht siehst, und das ist infrarot. Aber was sind das für Dinge? Eigentlich lässt sich mit dem JWST so gut wie alles besser beobachten, aber es gibt drei Schwerpunkte, drei Bereiche, die man im Infrarotlicht besonders gut sehen kann. Erstens: Dinge, die sehr, sehr weit von uns weg sind. Durch die Expansion des Universums kommt es zur Dehnung des Lichts, das uns von weit entfernten Galaxien erreicht: der sogenannten Rotverschiebung. Die erste Milliarde von Jahren in der Lebenszeit des Universums ist für unsere Augen überhaupt komplett unsichtbar. Das Licht ist so stark rotverschoben, dass sämtliches Licht, das uns erreicht, infrarot ist. Eine Milliarde Jahre entspricht etwa einem Vierzehntel der bisherigen Lebenszeit des Universums und entspräche bei einem durchschnittlichen Menschenleben den ersten sechs Lebensjahren. Die Vorschulzeit des Universums kann man also nur mit Infrarotteleskopen untersuchen. So beobachtet das JWST die Entstehung der ersten Sterne in den ersten Galaxien und wie sich die Galaxien in ihrer Kindheit entwickelt haben.

Das Zweite sind Dinge, die von Staub verborgen sind. Staub bedeutet in der Astronomie einfache chemische Verbindungen, also grob gesagt alles außer Wasserstoff und Helium, die beiden einfachsten Elemente, die sich schon kurz nach dem Urknall gebildet haben. Staub ist also das Material, aus dem alles andere, alles Interessante besteht. Überall, wo Staub ist, sind entweder schon spannende Dinge passiert, oder sie passieren gerade. Wie zum Beispiel die Entstehung von Sternen, die in dichten Staubwolken geschieht, oder die Explosion von Sternen, die den ganzen Staub in den Weltraum hinausschleudert. Im sichtbaren Licht ist dieser Staub dicht und undurchsichtig, doch nicht so im Infrarotlicht. Die längeren Wellen des Infrarot können leichter an den Staubkörnern vorbeifliegen, so wie man mit großen Rädern leichter über Schlaglöcher fahren kann. Das JWST eignet sich also perfekt, um das staubige Entstehen und Vergehen, also den Lebenszyklus, von Sternen zu beobachten.

Und drittens sind es alle Dinge, die weniger heiß sind als Sterne. Die Farbe entspricht ja der Temperatur des leuchtenden Dings. Und unsere Augen sind auf die Farbe von Sternenlicht spezialisiert, aus gutem Grund, denn es wird ja alles um uns herum von einem Stern beleuchtet. Mit Infrarotlicht kann man Dinge leuchten sehen, die weniger heiß sind als Sterne, wie zum Beispiel kleine Nagetiere nachts im Garten, ohne dass sie von irgendwas beleuchtet werden. Diesen Effekt machen sich z. B. Schlangen oder Nachtsichtgeräte zunutze, die Infrarotlicht detektieren können. Das Universum ist voll mit Dingen, die nicht sternenheiß sind, die interessantesten davon vielleicht: Exoplaneten, also Planeten, die um andere Sterne kreisen, und ihre potentiellen Bewohner.

Der erste Exoplanet wurde im Jahr 1995 von Michel Mayor und Didier Queloz um einen Stern im Sternbild Pegasus entdeckt. Der Stern ist mit freiem Auge gerade noch zu sehen, Sie können ihn im Januar am Abendhimmel im Westen erspähen, seinen Planeten natürlich nicht. Zu Ehren der beiden Schweizer Astronomen wurde der Stern Helvetios getauft. Sein Planet bekam den Namen Dimidium, der Halbe. Es handelt sich dabei natürlich nicht um einen halben, sondern um einen ganzen Planeten, aber er hat etwa die halbe Masse des Jupiter, daher der Name. Es ist also ein großer Gasplanet, der vermutlich in Ermangelung einer festen Oberfläche auch keine Bewohner beherbergt. Außerdem ist Dimidium irrsinnig nah an seinem Stern dran. Er umkreist Helvetios mit einer Umlaufzeit von unglaublichen vier Tagen und einem Abstand von einem Zwanzigstel der Entfernung Erde–Sonne. Auf seiner (gasförmigen) Oberfläche hat es etwa 1000°C. Es ist also ein Planet, der ganz anders ist als die Planeten in unserem Sonnensystem. Sogar Merkur ist noch gut ein Drittel des Erdbahnradius von der Sonne entfernt und braucht etwa drei Monate um die Sonne. Das ist auch schon das Problem mit den meisten bisher gefundenen Planeten. Wir finden sie nur, wenn sie sich in sehr großer Nähe zu ihrem Stern befinden, da sie sich in größerer Entfernung auch weniger bemerkbar machen. Je weiter sie von ihrem Stern entfernt sind, desto langsamer bewegen sie sich und desto länger muss man warten, bis man einen ganzen Umlauf, oder idealerweise mehrere, beobachten kann. Es ist also sehr schwierig und sehr zeitaufwendig einen erdähnlichen Planeten zu finden.

Die auf eine Art und Weise erdähnlichsten Planeten wurden kurioserweise sogar vor Dimidium detektiert. Denn Dimidium war der erste Planet, der um einen lebenden Stern gefunden wurde. 1992 wurden bereits Planeten um den Pulsar PSR 1257+12 entdeckt.

Ein Pulsar ist eine Art von Neutronenstern, also das, was übrig bleibt, wenn sehr massereiche Sterne am Ende ihres kurzen Lebens explodieren. So ein Pulsar hat etwa 1–2 Mal die Masse der Sonne, aber zusammengepresst auf einen Durchmesser von 20–30 Kilometern. Also ein Stern von der

Größe einer Stadt. Und weil sie so kompakt sind, drehen sie sich irrsinnig schnell. Im Fall von PSR 1257+12 sind es 160 Umdrehungen pro Sekunde. Die Pulsare erzeugen Radiostrahlung, die an den magnetischen Polen der Sternleichen gebündelt wird und wie der Lichtstrahl eines Leuchtturms mit jeder Drehung durch den Weltraum fegt. Wenn die Geometrie stimmt, trifft der Pulsarstrahl die Erde und ist als super-schnelles Blinken bei uns zu beobachten. Diese Strahlungspulse sind so exakt, dass schon eine winzige Verzögerung, die durch die Anwesenheit eines Planeten erzeugt wird, messbar ist. So wurden um den Pulsar drei erdähnliche Planeten mit 0,1 bis 4 Erdmassen und Umlaufbahnen zwischen 0,2 und 0,5 Erdbahnradien gefunden. Warum gelten die drei nicht als die ersten entdeckten Planeten? Weil sie erst nach dem Tod des Sterns aus seinen Eingeweiden entstanden sind. Nach der Sternexplosion bildet sich aus den Sternresten eine Art Trümmerscheibe um den Pulsar, die den protoplanetaren Scheiben um ganz junge Sterne ähnelt, und in der dann auch Planeten entstehen können. Sie sind zwar in ihrer Masse und Umlaufbahn der Erde nicht unähnlich, haben aber sonst sicher nichts mit ihr gemeinsam. Als Geisterplaneten um einen toten Stern wurden sie dementsprechend *Draugr*, *Poltergeist* und *Phobetor* getauft.

Viele Exoplaneten sind anscheinend wirklich sehr »*alien*«, also uns fremd in ihren Eigenschaften. Aber gibt es nicht doch Planeten, die ein wenig erdähnlicher sind? Unter den insgesamt 5500 Planeten, die wir bisher entdeckt haben[2], sind ein paar Dutzend potentiell erdähnliche Planeten, aber noch kein Erdzwilling. Was macht einen Planeten erdähnlich? Er sollte etwa so groß und schwer wie die Erde sein und in der habitablen Zone seines Sterns liegen, also in der richtigen Entfernung, damit es flüssiges Wasser auf seiner Oberfläche geben kann. Je nachdem, wie streng man in der Auslegung dieser Kriterien ist, gibt es im Moment an die 30 Kandidaten für potentiell bewohnbare Planeten da draußen[3].

Wie kann uns das JWST hier helfen? Genau für die Detektion von Wasser eignet es sich sehr gut. Schon eines seiner berühmten fünf ersten Bilder[4] war ein Spektrum des Exoplaneten WASP-96b mit eindeutiger Detektion von Wasserdampf in seiner Atmosphäre. Das war weder unerwartet noch besonders revolutionär, denn Wasser finden wir auch in den riesigen Interstellaren Wolken, aus denen sich Sterne und in weiterer Folge ihre Planeten bilden. Dass wir nun aber tatsächlich die Atmosphäre eines Exoplaneten so durchleuchten können, um ihre Zusammensetzung zu bestimmen, das ist sehr wohl erstaunlich. Dabei wird das Sternenlicht durch die dünne Atmosphäre des Planeten gefiltert, während dieser vor seinem Stern vorbeifliegt und so bestimmt, was in der Atmosphäre drin ist. Die Beobachtungen von WASP-96b waren eine Art *technology demonstration*, also der Beweis, dass es geht.

Trotz des Wasserdampfs ist WASP-96b aber bestimmt kein erdähnlicher, sondern ein großer, heißer Gasplanet. Das Besondere an der Erde ist ja nicht nur die Anwesenheit von Wasser per se, sondern von *flüssigem* Wasser an ihrer Oberfläche. Könnte das JWST auch flüssiges Wasser nachweisen? Das ist möglicherweise 2023 gelungen, als das Weltraumteleskop den Planeten K2–18b beobachtet hat. K2–18b ist eine spannende Welt. Der Planet liegt in der habitablen

Zone seines Sterns, von seiner Masse her zwischen der Erde und dem kleinsten Gasplaneten Neptun, ist also eine sogenannte Supererde, und jetzt kommt das Beste: möglicherweise ein sogenannter *hycean planet.* Was bitte ist *hycean*, oder hyzean? Das ist ein Kunstwort, gebildet aus dem englischen *hydrogen*, Wasserstoff, und *ocean*, Ozean. Es ist ein Planet, der einen flüssigen Wasserozean unter einer wasserstoffreichen Atmosphäre, wie der eines Gasplaneten, haben könnte. Das JWST hat den Wasserozean zwar nicht direkt nachgewiesen, aber dafür einen verräterischen Mangel an Ammoniak in der Atmosphäre von K2–18b entdeckt[5]. Ammoniak ist in einer wasserstoffhaltigen Atmosphäre eigentlich immer mit dabei. Wo ist es also geblieben? Haben die Aliens das gesamte Ammoniak für Putzmittel oder Kühlaggregate verbraucht? Eine etwas plausiblere Erklärung für den Ammoniakmangel wäre eben, dass sich das Ammoniak im Wasser eines riesigen Ozeans gelöst hat, der den Planeten bedeckt.

Und da war noch etwas anderes Hochinteressantes in den Daten von K2–18b: ein sehr vorsichtig formulierter Hinweis auf eine Detektion von Dimethylsulfid (DMS). Dieses ominöse DMS wird auf der Erde ausschließlich von Phytoplankton in den Ozeanen produziert: Algen. Es könnte auf K2–18b Algen geben, und zwar jede Menge davon. Damit das JWST das DMS in der Entfernung überhaupt detektieren könnte, müsste etwa 20 Mal so viel davon produziert werden wie in den Ozeanen der Erde. Das ist viel, aber durchaus möglich für den gigantischen, algenüberwucherten Wasserozean einer Supererde. Keine attraktive Urlaubsdestination also mit kristallklarem Wasser, sondern eher die Adria zu ihren übelsten Zeiten – und leider auch ohne einen einzigen Strand. Trotzdem wäre die Detektion von DMS ein sensationelles Ergebnis, denn es wäre das erste Anzeichen für außerirdische Lebensformen. Nicht gerade die grünen Männchen, die manche sich vielleicht gewünscht hätten, aber trotzdem Aliens.

Doch außerordentliche Behauptungen erfordern außerordentliche Beweise – und die sind wie so oft leider auch in diesem Fall noch ausgeblieben. Im Mai 2024 hat eine neue Studie[6] die Daten noch mal genau analysiert und gefunden, dass das DMS mit der Signatur des Methans so überlagert ist, dass es nicht eindeutig detektierbar ist – zumindest nicht in den vorliegenden Beobachtungen. Ein weiteres Forschungsteam[7] weist außerdem darauf hin, dass sich Ammoniak genauso in anderen Flüssigkeiten lösen könnte, zum Beispiel in flüssigem Gestein. Der Ozean auf K2–18b könnte also genauso ein Magmaozean sein. Da wäre Ihnen die Algenpest lieber, oder? Es bleibt also spannend um K2–18b, und es wird sicher nicht das letzte Mal gewesen sein, dass wir von ihm gehört haben.

Was hat das JWST sonst noch für spannende Bedingungen auf anderen Planeten ausgemacht? Da gibt es die Klasse der fluffigen oder flauschigen Planeten, manchmal auch Zuckerwatte-Planeten genannt. Durch die Nähe zu ihrem Stern sind diese Gasplaneten aufgepufft, also wesentlich weniger dicht als die kalten Gasplaneten in unserem Sonnensystem. Doch bei näherer Betrachtung stellen sich die Flauschplaneten als ziemlich unflauschig heraus. Zum Beispiel Wasp 107b, in dessen Atmosphäre das JWST Silikatpartikel nachgewiesen hat, also Sand. Diese Silikatpartikel werden in tieferen Schichten der Atmosphäre erzeugt und steigen als Sand-Dampf in die obere Atmosphäre, wo sie Sandwolken bilden. Ist das Material dann genug abgekühlt, regnet es den Sand wieder in tiefere Schichten hinab. Der Planet hat also Wetter wie die Erde, das aber nicht auf einem Wasserkreislauf, sondern auf einem Sandkreislauf basiert.

Ganz spezielles Wetter gibt es auch auf HD 189733b. Der jupiterähnliche Planet hat eine verheißungsvolle, azurblaue Farbe. Doch das Himmelblau entsteht nicht durch einen klaren Himmel wie auf der Erde, sondern durch Streuung an Silikat-Tropfen. Dort regnet es Glas. Der Planet hat ähnlich wie Dimidium eine Temperatur von knapp 1000°C, gepaart mit Windgeschwindigkeiten von etwa 7000 km/h. Die Glassplitter rasen dort also horizontal mit etwa fünffacher Schallgeschwindigkeit durch die Atmosphäre.

Doch auch das ist noch nicht das ärgste Wetter auf einem Exoplaneten. Den Vogel abgeschossen hat da wohl Wasp 43b, ein extrem heißer Planet, der so nah an seinem Stern dran ist, dass er ihn nicht in Tagen, sondern in nur 19 Stunden umrundet. Das JWST hat sich kürzlich an einer Wettervorhersage des Planeten versucht und Variationen in der Atmosphäre des Planeten gefunden, die von ganz besonderen Wolken herrühren: Es sind Wolken aus geschmolzenem Gestein. Auf Wasp 43b regnet es Lava.

Aber was ist mit den tatsächlich erdähnlichen Planeten da draußen? Das JWST ist gerade dabei, einige der Kandidaten und ihre potentiell lebensfreundliche Atmosphäre zu durchleuchten. Doch einen winzigen Gesteinsplaneten und seine noch winzigere Luftschicht vor dem gleißenden Licht seines Sterns zu isolieren, ist auch für ein phänomenales Weltraumteleskop keine Kinderjause. Es ist aber möglich, und wenn wir Glück haben, können wir in den nächsten Jahren auch die Signatur seiner potentiellen Bewohner in der Atmosphäre ausmachen. Wie reizvoll wäre es, eine außerirdische Biosphäre zu finden, lange bevor die Bewohner in der Lage sind, mit uns zu kommunizieren? Wir könnten das Schaffen außerirdischen Lebens und die Veränderungen, die dieses Leben in der Atmosphäre seines Planeten verursacht, beobachten, ohne dass die Außerirdischen es wüssten. Obwohl, wer weiß, vielleicht würden sie es auch wissen. Vielleicht hätten sie uns auch schon gefunden und beobachten uns gerade dabei, wie wir die Möglichkeiten entwickeln, sie zu beobachten. Wäre eine andere Zivilisation, die ähnliche Methoden entwickelt hat wie wir, in der Lage, das Leben auf der Erde zu detektieren? Oder anders gefragt: Aus welcher Entfernung könnten wir uns quasi selbst finden? Die Astronomin Lisa Kaltenegger hat ausgerechnet, dass es in einem Umkreis von etwa 300 Lichtjahren an die 2000 Sterne gibt, die in der richtigen Position wären, um die Erde vor der Sonne vorbeifliegen zu sehen[8]. Wenn es um einen dieser Sterne auch einen Planeten mit einer technisch ebenso begabten Zivilisation wie der menschlichen gibt, könnten die Außerirdischen unsere Atmosphäre durchleuchten und das Leben auf der Erde nachweisen. Und das schon seit etwa zwei Milliarden Jahren, als sich Sauerstoff und Methan in der Atmosphäre anzureichern begannen.

Wie wahrscheinlich ist es aber, dass es einen habitablen oder gar schon bewohnten Planeten in unserer galaktischen Nachbarschaft gibt? Das Universum ist voll mit Planeten, denn fast alle Sterne haben welche. Davon sind die meisten zwar nicht so wie die Erde, sondern eher neptunartig, dennoch gibt es wohl mehr als genug potentiell erdähnliche Planeten. Statistisch gesehen sind es in unserer Milchstraße vermutlich an die 40 Milliarden Gesteinsplaneten, die sich in der habitablen Zone ihres Sterns befinden. Einer von fünf Sternen da draußen hat einen potentiell bewohnbaren Planeten. Schon unser nächster Nachbarstern Proxima Centauri verfügt über einen solchen. Doch der Planet reicht noch nicht, auch der Stern muss passen. Bei den meisten Sternen handelt es sich um kleine Sterne, sogenannte rote Zwerge, deren habitable Zone sehr nah an ihnen dran liegt. Dadurch sind potenziell bewohnbare Planeten den Strahlungsausbrüchen und dem »Sonnenwind« ihrer Sterne viel stärker ausgeliefert, was der Bewohnbarkeit nicht gerade zuträglich ist. Die Sonne hingegen ist ein ausgesprochen ruhiger Stern*, der uns beinahe sanft behandelt. Vielleicht sollten wir also eher in unserem eigenen Sonnensystem nach Aliens suchen.

Aber gibt es abgesehen von der Erde einen lebensfreundlichen Planeten in unserem Sonnensystem? Nein, Planeten gibt es keine, aber Monde. Und da gibt es sogar einige heiße bzw. sehr kalte Kandidaten. Die beiden vielleicht vielversprechendsten Orte im Sonnensystem für außerirdisches Leben sind zwei der vielen Eismonde der großen Gasplaneten Jupiter und Saturn: Europa und Enceladus. Die beiden Monde sind komplett eingefroren, haben aber unter ihrer kilometerdicken Eisschicht nicht nur große Mengen an flüssigem Wasser, sondern auch vielversprechende Chemie,

* Siehe Kapitel Juli.

also eigentlich alles, was für die Entstehung des Lebens notwendig ist. Europa verfügt mit seinem 100 km tiefen Ozean über etwa doppelt so viel Wasser wie die Ozeane der Erde. Auf Enceladus hat die Raumsonde Cassini riesige Wasserfontänen fotografiert und untersucht, die durch Risse im Eis in den Weltraum hinausgesprüht werden. Die Inhaltsstoffe des Wassers sprechen eindeutig für hydrothermale Aktivität am Meeresboden, wo das Wasser mit dem Gestein interagiert und so die notwendige chemische Energie für Lebewesen liefern würde. Es gibt also auf diesen Eismonden die Voraussetzungen für die Entstehung außerirdischen Lebens. Doch ob das Leben auch wirklich entsteht, nur weil es geht, das wissen wir nicht.

Noch spannender ist vielleicht der größte Mond des Saturn: Titan. Der ist sogar noch etwas größer als der kleinste Planet Merkur und der einzige Mond im Sonnensystem mit einer Atmosphäre. Doch freuen Sie sich nicht zu früh. Es ist keine für uns lebensfreundliche Atmosphäre. Titans Gashülle besteht zwar auch großteils aus Stickstoff, aber sonst aus sehr unerfreulichen Substanzen wie etwa Methan, Wasserstoff, CO_2, Kohlenmonoxid und Blausäure. Die Atmosphäre ist sehr dicht und beinahe undurchsichtig: eine dicke orange Suppe, wie dichter Rauch oder Smog. Seine Oberfläche besteht aus Methanhydrat, also Eis mit gefrorenem Erdgas. Das ist brennbares Eis. Methan gibt es auf Titan aber nicht nur gefroren, sondern in allen möglichen Formen. Es gibt dort große Seen und Flüsse aus flüssigem Methan, durchsichtig wie ein klarer Bergsee. Bei Temperaturen von etwa −180°C verhält sich das Methan ähnlich wie Wasser auf der Erde: es kommt zu einem hydrologischen

Zyklus mit Verdunstung, Wolken und Regen. Das festgefrorene Wasser übernimmt die Rolle des Gesteins und wird vom Methanregen und von Flüssen aus Erdgas ähnlich erodiert wie die felsige Erdoberfläche. Die außerirdische Oberfläche des Titan würde uns seltsam vertraut erscheinen. Und möglicherweise könnte das Methan sogar eine Rolle im Stoffwechsel von Lebewesen spielen. Messungen der Raumsonde Cassini-Huygens haben ergeben, dass es auf der Oberfläche des Titan mehr Methan gibt als erwartet, dafür aber weniger Wasserstoff und Acetylen (eine einfache Kohlenstoffverbindung). Das passt genau zur Vorhersage des Astrobiologen Chris McKay, der eine Theorie zu methan-basierten Mikroben auf dem Titan entwickelt hat[9]. Diese potentiellen außerirdischen Lebensformen könnten die Bedingungen auf dem Titan für ihren Stoffwechsel nutzen: Sie würden Wasserstoff atmen, Acetylen fressen und daraus Methan produzieren. Der Methanüberschuss wäre also den Ausscheidungen von Bakterien zu verdanken.

Wir wissen nicht, ob diese Art von methan-basiertem Leben überhaupt möglich ist. Leben braucht Energie, und die ist in der extremen Kälte des Titan rar. Aber es wäre definitiv *außerirdisches* Leben, denn diese Art von Lebewesen gibt es auf der Erde nicht. Sollten wir diese Bakterien also finden, wäre sofort klar, dass es sich dabei nicht um mitgebrachte Verunreinigungen von der Erde handelt. 2005 hat Cassini-Huygens bereits auf dem Titan vorbeigeschaut, und das nächste Projekt ist schon in Vorbereitung: Mitte der 2030er Jahre soll ein Hubschrauber namens *Dragonfly* auf dem Titan landen[10]. Die dichte Atmosphäre und die geringe Schwerkraft auf dem Titan eignen sich perfekt für ein Fluggerät. Auch ein Mensch mit Flügeln könnte sich dort durch die Lüfte schwingen. Ikarus war seiner Zeit einfach zu weit voraus.

Februar

Dunkle Galaxien

Wie man das Gewicht unsichtbarer Dinge wiegt

02
CH BIN NICHT DICK,
AS IST ALLES NUR
UNKLE MATERIE!

Das Jahr hat gerade erst angefangen, und schon ist die allerletzte Chance, eines der beeindruckendsten Himmelsobjekte mit freiem Auge am Himmel zu sehen, fast verstrichen: unsere Nachbargalaxie *Andromeda* (oder M31).

Egal, ob Sie jetzt denken »ach so die«, oder »wer ist denn das, bitte?«, halten Sie doch noch mal rund um den Valentinstag nach ihr Ausschau, bevor sie sich für das nächste halbe Jahr von unserem Nachthimmel verabschiedet. Wenn Sie die Andromeda-Galaxie noch nie gesehen haben, wäre es besser gewesen, ein paar Monate zuvor, im November oder Dezember, nach ihr zu suchen. Denn dann steht sie am Abend hoch am Himmel, genau über unseren Köpfen. Im Januar hat sie, wenn es dunkel wird, den Zenit schon überschritten, und im Februar kann man sie gerade noch in halbwegs vernünftiger Höhe am Himmel erwischen, bevor das milchige Nebelchen im Dunst, hinter den Luftmassen der Atmosphäre und schließlich im Glanz der Sonne verschwindet.

Generell ist die Andromeda-Galaxie nicht so leicht zu finden, aber es lohnt sich schon sehr, es zu probieren. Zugegeben, zunächst wird Sie der Anblick des winzigen, verwaschenen Fleckchens vielleicht nicht gleich aus den Socken hauen. Andromedas Bedeutung aber ist überwältigend: Sie ist das einzige Ding, das man ohne Teleskop am Himmel sehen kann, das nicht zu unserer Milchstraße gehört*. Das kleine ovale Nebelchen mit dem profanen Namen M31 ist größer als unsere eigene Milchstraße, also größer als der milchige Bogen, der sich quer über den ganzen Himmel zieht *und* alles andere, was wir am Himmel sehen können, zusammengenommen. Bei ihrem Anblick poppt der zweidimensionale Himmel auf in ein dreidimensionales riesiges Universum gefüllt mit leerem Raum, das wir dank des Lichts, das diese unfassbaren Entfernungen beinahe unbeeindruckt zurücklegt, erkunden können. Und auch für das Licht, das Sie sehen, ist es ein Happy End: nachdem es in den Sternen der Andromeda-Galaxie erzeugt wurde und dann zweieinhalb Millionen Jahre lang mit Lichtgeschwindigkeit durch den leeren Raum geflogen ist, finden die kleinen Photonen plötzlich nichtsahnend in einem flüchtigen Moment genau auf Ihrer Netzhaut ihr Ende und dürfen zum Schluss als Belohnung noch einen kleinen Reiz auslösen.

Noch cooler wäre es natürlich, statt Augen zwei Spektroskope im Gesicht zu haben, denn dann könnten wir das Licht in seine einzelnen Farben zerlegen und würden überall kleine Regenbögen sehen. Wäre dieses Augen-Spektroskop genau genug, könnten wir sehen, dass eine Hälfte der Galaxie etwas rötlicher und die andere etwas bläulicher ist. Warum ist das so? Die ganze Andromeda-Galaxie bewegt sich auf uns zu, mit 120 km/s ziemlich schnell sogar, aber schneller noch als diese Bewegung, nämlich fast doppelt so schnell, ist ihre eigene Drehung: Eine Seite der Galaxie be-

* Zumindest von der Nordhalbkugel aus. Manche Menschen behaupten, M33, die dritte aber wesentlich kleinere Spiralgalaxie in unserer kosmischen Nachbarschaft, mit freiem Auge gesehen zu haben, aber ich glaube ihnen nicht (sonst müsste ich zu neidisch sein).

wegt sich von uns weg, und die andere kommt dadurch noch viel schneller auf uns zu. Durch die Bewegung wird das Licht der einen Hälfte der Galaxie, das auf uns zukommt, gestaucht, also blauer, und das Licht der anderen Seite wird etwas gestreckt, also röter. Der Unterschied zwischen den beiden Seiten ist mit fast 500 km/s zwar sehr schnell, entspricht aber nur einem Farbunterschied von etwa einem Nanometer Wellenlänge – was vermutlich nicht mal die tetrachromatischen* Farbton-Enthusiast:innen unter uns als unterschiedliche Farben wahrnehmen könnten.

Richtig spektakulär würde die spektroskopische Version der Andromeda-Galaxie also noch immer nicht aussehen. Aber viel wichtiger: mit ihrem Augen-Spektroskop könnten Sie quasi auf einen Blick die gesamte Masse der Galaxie ermitteln. M31 ist tatsächlich die erste große Galaxie, bei der es uns gelungen ist, ihre Masse zu bestimmen. Nicht nur die, die wir in ihren Sternen sehen können, sondern wirklich ihre *gesamte* Masse**. Das haben wir der amerikanischen Astronomin Vera Rubin zu verdanken, der es als Erste gelungen ist, die tatsächliche Masse von Galaxien zu bestimmen.

Wie wiegt man Dinge im Weltraum? Das ist gar nicht so einfach. Generell sehen wir ja immer nur, wie viel Licht zu uns kommt, und müssen dann vom Licht auf alle anderen Eigenschaften schließen. Somit können wir auch aus der Menge an Licht auf die Menge an Material schließen, die das Licht erzeugt hat. Die Sterne produzieren mehr Licht,

* Lebewesen, die vier unterschiedliche Farbrezeptoren in ihrer Netzhaut haben statt nur drei wie die meisten Menschen

** Was genau der Unterschied dazwischen ist, erklärt sich hoffentlich in den folgenden Abschnitten.

wenn sie mehr Masse haben, wenn also mehr Material für die Kernfusion zur Verfügung steht. Es gibt ein bestimmtes Verhältnis zwischen der Masse und der Leuchtkraft eines Sterns. Aber dieses Masse-zu-Leuchtkraft-Verhältnis ist nicht immer gleich, sondern ganz unterschiedlich für verschiedene Arten von Sternen. Große Sterne etwa leuchten verhältnismäßig sehr viel mehr, als es von ihrer Masse her zu erwarten wäre. Sie sind heller, als sie schwer sind. Bei kleinen Sternen ist es genau umgekehrt, da ist wiederum mehr Masse da als Licht, obwohl sie natürlich viel weniger Masse enthalten als die großen. Dafür wiederum gibt es von den kleinen Sternen sehr viel mehr als von den großen, weshalb insgesamt die meiste Masse in kleinen Sternen zu finden ist. Das Ganze ist ziemlich verworren.

Will man nun eine ganze Galaxie wiegen, muss man wissen, wie viele Sterne von welcher Masse es gibt, um das Masse-zu-Leuchtkraft-Verhältnis zu entschlüsseln und vom beobachteten Licht auf das Gewicht der Galaxie zu schließen. Man braucht also schon einen Teil des Ergebnisses, um zum Endergebnis zu gelangen. Da das nicht geht, müssen wir viele Dinge einfach voraussetzen. Und das führt zu einer relativ großen Unsicherheit in der Massenbestimmung von Galaxien. Noch dazu: durch das beobachtete Licht ergibt sich ja nur die Masse der Materie, die in Sternen gebunden ist. Wie kommen wir der ganzen Masse auf die Spur?

Das Praktische an der Masse ist Folgendes: Jede Masse hat immer eine Anziehungskraft auf andere Masse, und diese Anziehungskraft bewirkt eine Bewegung aller Massen, die in der Nähe sind. Je mehr Masse da ist und je näher sich die Massen sind, desto stärker die Anziehungskraft und desto schneller die resultierende Bewegung. Es gibt also die Möglichkeit, über die Geschwindigkeit und den Abstand der Sterne innerhalb einer Galaxie deren Gesamtmasse abzuschätzen. Bei Spiralgalaxien ist es ihre Drehgeschwindigkeit, in Abhängigkeit des Abstands vom Zentrum der Galaxie, die von der gesamten vorhandenen Masse verursacht wird. Und das sind zwei Größen, die mehr oder weniger gut messbar sind.

Genau das ist es, was Vera Rubin gemacht hat. Sie hat Ende der 60er Jahre mit ihrem Kollegen Kent Ford die Geschwindigkeit der Sterne in verschiedenen Abständen vom Zentrum der Andromeda-Galaxie gemessen[11]. Ford hatte einen neuen Spektrographen gebaut, mit dem es erstmals möglich war, die Geschwindigkeiten von verschiedenen Gebieten innerhalb einer Galaxie zu bestimmen. Die beiden begannen an Quasaren zu arbeiten, super-spannende Objekte, die gerade erst entdeckt worden waren. Doch schon nach kurzer Zeit bemerkte Rubin, dass ihr das Forschungsgebiet zu kompetitiv war. Ständig mussten sie um Beobachtungszeit an den großen Teleskopen kämpfen, dabei wollte Rubin nur in Ruhe arbeiten. Sie erinnerte sich an ihr Interesse an der Dynamik von Galaxien, das von weniger Astrophysiker:innen geteilt wurde, und die beiden nahmen sich die nahegelegene Andromeda-Galaxie und ihre Drehung vor.

Es gab zu dem Zeitpunkt natürlich schon Theorien dazu, wie sich Galaxien drehen sollen. Wenn ihre Masse wie die sichtbaren Sterne verteilt wäre, sich also die meiste Masse im hell leuchtenden Zentralbereich der Galaxien befand – und warum sollte sie das nicht? –, dann müsste die Drehgeschwindigkeit der Sterne mit zunehmender Entfernung vom Zentrum abnehmen. In etwa so, wie die Planeten in unserem Sonnensystem in der Nähe der Sonne schneller und nach außen hin immer langsamer werden. Das galt damals als gemeinhin akzeptierter Fakt, aber niemand hatte sich die Mühe gemacht, es mit Messungen zu verifizieren, auch weil das bis dahin technisch sehr schwierig war.

Mit Fords neuem Spektrograph aber ging es. Das Gerät hatte die nötige Sensitivität und Auflösung, um Rotationskurven zu messen, also die Geschwindigkeit der Sterne in verschiedenen Bereichen der Galaxie. Im Grunde wollte Rubin den erwarteten Verlauf der Rotationsgeschwindigkeiten bestätigen. Stattdessen fanden die beiden, dass sich die Galaxien weiter außen genauso schnell weiterdrehen wie weiter innen! Die Rotationskurve war flach, blieb also nach außen hin konstant hoch mit typischen Werten um die 200 km/s. Zuerst dachte sie: Da ist irgendein Fehler passiert. Warum sollten die Sterne außen so schnell sein? Da war ja kaum mehr etwas? Es dauerte eine Weile, bis sich ihr der Schluss aufdrängte: Doch. Da war was. Und zwar eine große Menge an unsichtbarer Materie, die die weiter außen liegenden Gebiete der Galaxien beschleunigt: die damals wie heute mysteriöse Dunkle Materie.

Zugegeben, die Idee der Dunklen Materie war auch damals nicht komplett neu. Schon im 19. Jahrhundert hatte der britische Ausnahmephysiker William Thomson, der als erster Physiker ins House of Lords aufgenommen wurde, über die Leichen im Keller der Milchstraße spekuliert. Er mutmaßte, dass die Masse der sichtbaren Sterne in der Milchstraße nicht ausreichte, um die Bewegung der Sterne zu beschreiben und dass sie daher eine große Anzahl an *»dark* *bodies«* enthalten müsse. Einen ähnlichen Rückschluss zog Fritz Zwicky in den 1930ern aus seiner Beobachtung der Galaxien in Galaxienhaufen, diesen gigantischen Ansammlungen aus Hunderten oder Tausenden einzelnen Galaxien. Er bestimmte die Geschwindigkeit, mit der die Galaxien durch ihren Haufen flogen und kam drauf, dass sie viel zu schnell unterwegs waren, um sich durch ihre eigene Schwerkraft zusammenzuhalten. Die Galaxienhaufen müssten schon längst auseinandergeflogen sein. Doch da es da draußen offensichtlich sehr viele dieser Haufen gab, musste sie irgendetwas zusammenhalten: zusätzliche unsichtbare Materie, die Zwicky auch als Erster »Dunkle Materie« nannte und damit den Begriff erfand.

Aber die Zeit war noch nicht reif. Erst etwa 40 Jahre später kam das Thema durch Rubin und Fords Messungen wieder auf. Niemand hatte bis dahin so systematisch so viele Daten gesammelt wie die beiden. Nach der Andromeda-Galaxie nahmen sie die Rotation einer großen Anzahl von anderen Spiralgalaxien genau unter die Lupe. Sie suchten sich Galaxien aus, die wir so wie M31 von der Seite her sehen, um ihre Rotationskurven, also die Drehgeschwindigkeit in Abhängigkeit der Entfernung vom Zentrum, zu messen. Bald hatten sie einige Dutzend Galaxien vermessen. Und das Ergebnis war immer das Gleiche: Die Rotationskurven waren flach. In ihren inneren Bereichen drehten sich die Galaxien wie erwartet, doch weiter draußen, wo immer weniger sichtbare Sterne waren, nahm die Drehgeschwindigkeit nicht ab, sondern blieb gleich hoch. Dafür war die unsichtbare Materie verantwortlich, von der es je nach Galaxie fünf bis zehnmal so viel gab wie sichtbare Materie.

Was war da draußen in den Randbezirken der Galaxien los? Die verwaisten Außenbereiche einer fremden Galaxie sind natürlich schwierig zu beobachten, aber wie sieht es bei unserer uns umgebenden Milchstraße aus? Da müsste es doch leichter sein, die Randbereiche zu vermessen. Sollten wir die Masse der Milchstraße nicht genauer kennen als die anderer Galaxien?

Die Geschichte der Vermessung der Milchstraße wäre vermutlich abwechslungsreich genug, um ein eigenes Buch zu füllen. In den letzten 25 Jahren schwankte ihr Gewicht in etwa um den Faktor 10. Zuerst hat sie im Laufe der Zeit ein wenig abgenommen, dann kurzfristig ordentlich zugelegt, bevor sie kürzlich wieder einen Großteil ihrer Masse verloren hat. Nein, die Milchstraße leidet nicht an einer Essstörung. Ihre Masse hat sich in den letzten Jahren natürlich überhaupt nicht verändert. Es gab nur eine Vielzahl an Versuchen, ihre Masse zu bestimmen, die zu sehr unterschiedlichen Ergebnissen führten. Wie wir schon gesehen haben, ist es generell nicht leicht, Masse zu messen, aber bei der Milchstraße ist es, anders als oben vermutet, noch viel schwieriger als bei anderen Galaxien. Es ist in etwa so, als würde ich in meinem Haus sitzen und wissen wollen, wie hoch das Dach ist, ohne jemals vor die Tür gegangen zu sein. Ich kann natürlich die Höhe meines Wohnzimmers ausmessen und die Höhe meines Dachbodens, aber wer weiß was da sonst noch oben drauf ist. Mit einem Blick aus dem Fenster ist die Form und Höhe der anderen Häuser leichter abzuschätzen als die meines eigenen.

Näher dran zu sein, ist also nicht immer hilfreich. Außerdem bedeutet es, dass alles über eine größere Fläche am

Himmel verteilt und so noch schwerer zu beobachten ist. Um die Masse der Milchstraße zu bestimmen, brauchen wir die Geschwindigkeiten von großen Mengen einzelner Objekte, die so weit draußen wie möglich ihre Bahnen ziehen und so von der gesamten Masse der Milchstraße beeinflusst werden. Einzelne Sterne zu vermessen ist schwierig, aber glücklicherweise gibt es weit draußen im Halo der Milchstraße große, kugelförmige Ansammlungen aus Tausenden Sternen, die sogenannten Kugelsternhaufen. Kompakt, hell und weit weg – die idealen Objekte zur Vermessung der Milchstraße. Erste Messungen der Geschwindigkeit von Kugelsternhaufen um die Jahrtausendwende[12] ergaben eine Gesamtmasse der Milchstraße von zwei Billionen Mal der Masse unserer Sonne – das bedeutete etwa zehnmal so viel unsichtbare Masse wie sichtbare, ähnlich wie bei den anderen großen Spiralgalaxien.

Aber das war erst der Anfang. 2008 kam ein Forschungsteam auf die Idee, eine bestimmte Art von Roten Riesen zu benutzen, um die Milchstraße zu wiegen[13]. Diese Sterne befinden sich in einer kurzen Phase ihrer Entwicklung, in der ihre Helligkeit genau bekannt ist. Sie sind eine Art »Standardkerze«. Bei diesen Sternen lässt sich dank ihrer bekannten Leuchtkraft ihre Entfernung sehr genau bestimmen. Gemeinsam mit einer spektroskopischen Geschwindigkeitsmessung ergibt das dann eine sehr genaue Abschätzung der Masse. Das Team hat dafür Sterne in bis zu 200 000 Lichtjahren Entfernung vom Zentrum der Milchstraße identifiziert, also *richtig* weit draußen. Unsere Sonne liegt ja bei »nur« etwa 26 000 Lichtjahren Entfernung vom Zentrum. Das Ergebnis: die Riesensterne sind langsamer als angenommen. Die Drehgeschwindigkeit fällt in den extremen Randbereichen der Milchstraße tatsächlich weiter ab. Unsere Galaxie hatte nach diesen Messungen wesentlich weniger Masse als gedacht – nur etwa die von 400 Milliarden Sonnen – und so auch nur einen Faktor 2 bis 3 an unsichtbarer Dunkler Materie.

Konnte das schon das Endergebnis sein? Oder müssen wir vielleicht noch weiter raus, um wirklich die gesamte Masse der Milchstraße zu erfassen? Das dachte sich auch ein US-amerikanisches Forschungsteam, das 2012 die Masse der Milchstraße mit Hilfe der Bewegung ihrer Satellitengalaxien abschätzte[14]. Die Milchstraße ist wie alle großen Galaxien von vielen, wesentlich kleineren Galaxien umgeben, die sich um sie herum bewegen. Die Geschwindigkeiten dieser Satellitengalaxien entstehen durch die Anziehungskraft der Milchstraße. Man kann sie als Versuchskaninchen benutzen, um über ihre Bewegung auf die Masse der Milchstraße zu schließen. Das Forschungsteam beobachtete dazu nicht nur die spektroskopische Geschwindigkeit der Zwerggalaxie, also ihre Bewegung von uns weg oder auf uns zu, sondern auch ihre *seitliche* Bewegung. Das erfordert Geduld, denn in den Entfernungen dauert es, bis sich eine Bewegung am Himmel bemerkbar macht. Nach fünf Jahren war es so weit: eine Verschiebung der Sterne in der kleinen Satellitengalaxie *Leo I* konnte beobachtet und damit eine Geschwindigkeit von 200 km/s gemessen werden. Die Geschwindigkeit der Zwerggalaxie ist damit fast genauso hoch wie die der Sonne, allerdings ist sie natürlich wesentlich weiter weg vom Großteil der sichtbaren Masse der Milchstraße. Und das heißt natürlich wiederum: Es muss auch viel mehr Masse da sein, um *Leo I* so stark anzuziehen und zu beschleunigen. Die Milchstraße ist dadurch wieder auf weit über eine Billion Sonnenmassen angewachsen.

Und so geht es weiter, die Milchstraße scheint, wie in einem galaktischen Jojo-Effekt gefangen, einmal deutlich mehr und dann wieder deutlich weniger Gewicht zu haben. Man könnte glauben, dass im Lauf der Zeit die Messungen genauer, die Methoden besser, die Unsicherheiten geringer und so die Messwerte ähnlicher werden. Doch am erstaunlichsten ist eine der aktuellsten Studien[15] mit den vermeintlich besten Beobachtungsdaten: die des Gaia-Weltraumteleskops. Das lieferte nämlich in seinem neuesten Katalog, dem DR3, die Positionen und exakten Geschwindigkeiten von Dutzenden Millionen von Sternen in der Milchstraße*. Damit bestimmte das Team überraschenderweise einen deutlichen Abfall der Rotationsgeschwindigkeit in den Randbereichen der Milchstraße. Bis zur doppelten Sonnenentfernung vom galaktischen Zentrum bleibt die Geschwindigkeit konstant hoch, aber dann fällt sie bis auf etwa 180 km/s nach außen hin ab. Das klingt jetzt nicht nach einem dramatischen Unterschied, hat aber fatale Folgen für den Bauchspeck der Milchstraße: damit läge sie bei nur etwa 200 Milliarden Sonnenmassen, was nur etwa doppelt so schwer ist wie alle ihre sichtbaren Sterne.

Moment mal, was ist mit der ganzen Dunklen Materie passiert? Ja, das Ergebnis von Gaia ist tatsächlich revolutionär. Damit wäre die Milchstraße die erste und einzige große

---

* Insgesamt hat Gaia beinahe 2 Milliarden Sterne in der Milchstraße beobachtet! Hier wurden aber nur die genauesten Messungen verwendet.

Galaxie, die mehr oder weniger so viel wiegt wie ihr normales, sichtbares Material. Sie wäre die erste »normale« Galaxie, die nicht mindestens um einen Faktor 5 bis 10 mehr Masse hat, als wir in ihren Sternen, Staub und Gas sehen können. Vielleicht denken Sie jetzt: Was für ein Zufall, dass es gerade unsere Galaxie ist, die kaum Dunkle Materie enthält! Ja, es gibt in dem Modell auch noch Platz für Dunkle Materie, aber nur etwa genauso viel, oder maximal doppelt so viel wie sichtbare Materie. Der Durchschnittswert bei allen anderen Galaxien ist ein Faktor von 1:6. Einmal abgesehen von dem unglaublichen Zufall, dass gerade unsere Galaxie die einzige ohne große Mengen Dunkler Materie sein sollte: Wie passt das zu den anderen höheren Messwerten? Wie passt eine leichtere Milchstraße in die Dynamik unserer Lokalen Gruppe? Wir wissen es nicht. Möglicherweise sind die Satellitengalaxien der Milchstraße auch leichter, möglicherweise ist ihre Bewegung auch durch andere Faktoren beeinflusst. Vielleicht haben wir die Drehung der anderen Galaxien nicht weit genug nach außen hin verfolgt und sie sind alle leichter? Das passt dann aber wiederum nicht zu unseren kosmologischen Modellen, zu den Beobachtungen von noch größeren Strukturen und zu all den anderen Beweisstücken für die Existenz von fünfmal mehr Dunkler Materie als sichtbarer.

Oder ist die Milchstraße wirklich etwas Besonderes? Gibt es etwas, was sie von anderen Galaxien unterscheidet? Auf den ersten Blick scheint da nichts Ungewöhnliches zu sein, aber es gibt doch etwas: Die Milchstraße lebt für eine Galaxie ihrer Größe schon seit sehr langer Zeit sehr ungestört.

Seit etwa 8 Milliarden Jahren* kommt sie ohne größeren Zusammenstoß mit anderen Galaxien aus, denen wiederum solch ein friedliches Leben nur sehr selten vergönnt ist. Könnte die außerordentlich ruhige Vergangenheit der Milchstraße etwas mit ihrem möglicherweise sehr niedrigen Anteil an Dunkler Materie zu tun haben?

Es gibt andere Galaxien da draußen mit besonders viel oder auch beinahe gar keiner Dunklen Materie, doch das sind keine großen, normalen Galaxien, sondern Zwerggalaxien: Galaktische Winzlinge, die statt aus Milliarden »nur« aus Millionen Sternen bestehen, und die meistens die großen Galaxien umschwirren wie lästige Stechmücken die Nase der Milchkuh an einem lauen Sommerabend. Und diejenigen dieser Zwerge, die sich durch einen besonders hohen oder auch scheinbar gar keinen Anteil Dunkler Materie auszeichnen, haben in ihrer Geschichte fast immer einen intergalaktischen Zusammenstoß erlebt.

Diese Satellitengalaxien mit ungewöhnlich hohem oder niedrigem Gehalt an Dunkler Materie könnten aber nicht nur der Schlüssel zum Rätsel der wahren Masse der Milchstraße sein, sondern auch über die Natur der Dunklen Materie überhaupt Aufschluss geben. Die berühmt-berüchtigtsten Beispiele für Galaxien mit sehr wenig Dunkler Materie sind die sogenannten ultra-diffusen Galaxien Dragonfly 2 (DF2) und Dragonfly 4 (DF4). Ihren dramatischen Namen haben sie dem Teleskop zu verdanken, mit dem sie entdeckt wurden: dem Dragonfly Telefoto Array[16]. Ein interes-

* Der Zusammenstoß mit der Gaia-Enceladus-Saussage Galaxie: https://doi.org/101038/s41586-018-0625-x

santes Gerät, das statt aus einer Linse oder einem Spiegel wie normale Teleskope aus 48 zusammengeschalteten Teleobjektiven besteht. Um das sehr diffuse, also über einen größeren Bereich verteilte Licht dieser kleinen Galaxien zu untersuchen, braucht man nicht so sehr ein großes Teleskop, sondern eines mit einer sehr sauberen Abbildung, also keine Reflexionen etc. Und genau das können moderne Foto-Objektive, die die besten Anti-Reflexionseigenschaften noch dazu zu einem geringen Preis im Vergleich zu einem großen Teleskopspiegel bieten.

Was ist das Besondere an DF2 und DF4? Sie enthalten so gut wie keine Dunkle Materie. Und sie sind Satellitengalaxien einer großen elliptischen Galaxie, die vermutlich aus einem Galaxienzusammenstoß entstanden ist. Wie haben die beiden diffusen Zwerge ihre Dunkle Materie verloren? Sie wurde ihnen vermutlich bei dem Zusammenstoß entrissen. Man nennt das auch *tidal stripping*. Die Galaxien wurden durch die Gezeitenkräfte des Zusammenstoßes von ihrem unsichtbaren Kleid aus Dunkler Materie befreit.

Aber Moment, alle Galaxien, auch die großen, entstehen ja aus dem Zusammenstoß von kleineren Galaxien, also warum werden nur die diffusen Zwerggalaxien ausgezogen? Weil sie allgemein weniger Sterne und weniger Masse enthalten, also leichter sind. Dadurch kann die Dunkle Materie viel leichter hinausgezogen werden als bei größeren Galaxien. Die Kleinen können ihr Dunkle-Materie-Kleid einfach weniger gut festhalten. Aber warum wird dann hauptsächlich die Dunkle Materie und werden nicht auch die Sterne und der Rest der Galaxie auseinandergerissen? Das könnte an einer noch hypothetischen, aber ganz besonderen Eigenschaft der Dunklen Materie selbst liegen: Ihre Teilchen könnten *self-interacting* sein, also mit sich selbst wechselwirken[17]. Die Dunkle Materie zeigt ja wenig Lust auf Interaktion mit anderer, sichtbarer Materie. Aber das könnte anders sein, wenn sie auf sich selbst trifft. Die Dunkle Materie ist vielleicht ein Snob, der sich nur mit seinesgleichen abgeben mag. Und wenn das so ist, dann würde sich die Dunkle Materie quasi selbst, also gegenseitig, aus den kleinen Galaxien hinausbugsieren. Diese Art der Dunklen Materie wird auch *fuzzy dark matter* genannt. Diese Interaktionsfreudigkeit führt auf kleineren Skalen, also innerhalb von Galaxien dazu, dass die Dunkle Materie *fuzzy*, also unscharf wird. Sie ist nicht schön gleichmäßig verteilt, wie es beim gängigen Modell der *cold dark matter* der Fall ist, sondern wird in fluffigere Strukturen zerfleddert. Und es gibt tatsächlich eine Art von potentiellem Dunkle-Materie-Teilchen, das gut zu dieser Eigenschaft passt: Es ist das kleine leichte Axion. Das Axion wäre ein Teilchen, das gerne mit sich selbst interagiert, wenn es denn existiert. Es wird in verschiedenen Experimenten nach ihnen gesucht, aber wir wissen immer noch nicht, ob es Axionen tatsächlich gibt.

Unterstützung für die *fuzzy dark matter* kommt vom anderen Extrem der Satellitengalaxien: beinahe komplett dunkle Galaxien, die fast ausschließlich aus Dunkler Materie bestehen. Klingt ominös, aber diese dunklen Galaxien gibt es. Es sind meist mittelgroße Galaxien, die aber kaum Sterne enthalten und die daher extrem locker verteilt sind. Das Paradebeispiel dafür ist wieder eine ultra-diffuse Dragonfly-Galaxie, nämlich DF44. Sie ist eine unscheinbare, aber doch recht große, lose Ansammlung an Sternen. DF44 ist nicht ganz dunkel, enthält aber etwa 500 Mal so viel Dunkle Materie wie sichtbare. Das ist immens! Wie genau diese ultradiffusen dunklen Galaxien zustandekommen, ist noch nicht eindeutig geklärt, aber eine Möglichkeit ist, dass ihre Fluffigkeit auch auf die *fuzzy dark matter* zurückzuführen ist[18].

Das letzte Wort in der Suche nach der Natur der Dunklen Materie ist noch lange nicht gesprochen und es gibt andere Erklärungsansätze für die Besonderheiten, die wir in den ultra-diffusen Galaxien beobachten. Es könnte zum Beispiel auch sein, dass sich in den dunklen Galaxien durch interne Prozesse nur ganz wenige Sterne gebildet haben. Es könnte sein, dass die Galaxien mit extrem wenig Dunkler Materie durch einen unwahrscheinlichen, aber möglichen Zusammenstoß mit extremer Geschwindigkeit entstanden sind: ein Hochgeschwindigkeits-Galaxien-Crash, der das Gas und die Sterne von der Dunklen Materie getrennt hat*. Das Leben von Galaxien ist ereignisreich und ihre Beziehungen miteinander wie auch ihr Innenleben sind sehr komplex. Wir können sowohl ihre Entfernung wie ihre Bewegung und ihre Masse nur sehr schwierig messen und sind gerade bei den dunklen Dingen oft auf Glück angewiesen. Wie zum Beispiel kürzlich, als eine Astronomin durch puren Zufall eine Galaxie ohne Sterne entdeckte. Karen O'Neil fand die gigantische Wolke aus Wasserstoffgas, weil das Radioteleskop, mit dem sie beobachtete, aus Versehen falsch ausgerichtet war. Zu ihrer Überraschung war an den falschen Koordinaten aber ein deutliches Radiosignal zu verzeichnen. Es entpuppte sich als eine riesige Wolke aus Wasser-

* Ähnlich wie beim berühmten Bullet Cluster: https://doi.org/101038/s41586-022-04665-6

stoffgas, die sich langsam dreht, in etwa wie die Sternenscheibe der Milchstraße, aber ohne Sterne. Warum sind in der galaktischen Wolke keine oder kaum Sterne entstanden? Es handelt sich dabei um ein sehr isoliertes Wölkchen. Sie lebt anscheinend komplett alleine, ohne Nachbargalaxien, die durch ihre Schwerkraft die Sternentstehung in der Wolke anstoßen könnten. Vielleicht brauchen Galaxien die Interaktion mit anderen, damit mal ein bisschen Action in die Bude kommt. Die Milchstraße ist zwar auch eine Einzelgängerin, aber immerhin hat es zumindest in ihrer Vergangenheit einige bedeutsame Begegnungen gegeben. Sonst wäre es ihr vielleicht genauso ergangen wie der sternlosen Galaxienwolke. Reden Sie ab und zu mit Ihren Nachbarn und denken Sie dabei an das Funkeln der neuen Sterne, die vielleicht nur durch Interaktionen entstehen können.

Vera Rubin ist 2016 im Alter von 88 Jahren gestorben und hat weder einen Nobelpreis bekommen noch die Bekanntheit, die sie verdient. Mittlerweile wurde immerhin ein fantastisches neues Teleskop nach ihr benannt, das 2025 in Betrieb gehen soll und genauso wie sie unseren Blick auf das Universum verändern wird.

März

Mysteriöser Sternschwund

Wie Sterne vom Himmel verschwinden

03
BYE,
BYE,
CARUS

Es ist Mitte März und Sie genießen einen der ersten lauen Abende bei einem gemütlichen Abendspaziergang. Der Frühling liegt in der noch frischen Luft. Es wird nun schon spürbar später dunkel, doch die ersten Sterne funkeln bereits am Abendhimmel. Ihr Blick schweift nach oben und hoch im Süden erkennen Sie sofort das Sternbild des Orion mit seinen hellen und recht nah beieinander stehenden Sternen. Beteigeuze, der rote Riesenstern, der die rechte Schulter des Orion markiert, funkelt heute wieder mal besonders eindrucksvoll. Nicht umsonst ist er Ihr Lieblingsstern. Während Sie darüber nachdenken, dass Menschen schon seit Tausenden Jahren voller Ehrfurcht den Orion am Himmel erblicken, diese Sternengestalt, die den Menschen so ähnlich sieht, verschwindet plötzlich Orions rechte Schulter. Hä? Ja, der rote Riesenstern Beteigeuze ist eindeutig einfach plötzlich nicht mehr da. Dabei war er doch gerade noch so richtig schön hell zu sehen! Eine kleine Wolke? Nein, der Himmel sieht eigentlich ziemlich klar aus. Sie blinzeln und blicken kurz nach links und rechts, aber es ist niemand da, der ihnen versichern kann, dass das gerade wirklich passiert ist. Sie starren den Orion an, aber Beteigeuze kommt nicht wieder. Ist sie denn etwa tatsächlich gerade verglüht? Aber das kann doch nicht sein. Erstens sollte das, wie Sie kürzlich in der Wissenschaftsbeilage gelesen haben, erst in ein paar zehntausend Jahren passieren und zweitens: Hatte die Journalistin nicht von einer phänomenalen Mega-Explosion geschrieben? Sollte Beteigeuze nicht als bombastische Supernova explodieren, so hell, dass man sie wochenlang sogar tagsüber am Himmel sehen könnte? Ein sehr seltsames Gefühl macht sich in ihnen breit – irgendetwas stimmt hier nicht. OK, Internet, zeig was du kannst! Sie öffnen Twitter (oder wie auch immer das soziale Medium mittlerweile heißt) und es dauert nicht lange, bis auch andere Meldungen des mysteriösen Sternschwunds aufpoppen. Beteigeuze scheint tatsächlich Geschichte zu sein.

Machen Sie sich keine Sorgen, Sie haben nichts verpasst: Das Beteigeuze-Szenario ist frei erfunden. Doch das mysteriöse Verschwinden von Sternen ist tatsächlich ein Thema in der astronomischen Forschung und passiert immer wieder. Ein Projekt mit dem klingenden Namen *VASCO* widmet sich genau solchen unerklärbaren Vorfällen. VASCO ist ein Akronym und steht für »Vanishing and Appearing Sources during a Century of Observations«. In einer Studie, die im Dezember 2019 im *Astronomical Journal* veröffentlicht wurde[19], hat das VASCO-Team zwei Surveys miteinander verglichen, die zwar nicht ein Jahrhundert, aber immerhin 70 Jahre auseinander liegen. Bei der einen Erhebung handelt es sich um die Himmelsdurchmusterung des *US Naval Observatory* (USNO) von 1949, bei der anderen um den *Pan-STARRS* Survey des *Panoramic Survey Telescope and Rapid Response System* von 2019. Das VASCO-Team hat in den alten USNO-Daten etwa 150 000 Quellen gefunden, die in den neuen Pan-STARRS-Bildern nicht mehr enthalten waren. Das kann natürlich ganz viele Gründe haben. Jedes Teleskop hat andere Eigenschaften und das gleiche Stück Himmel sieht durch ein anderes Fernrohr auch immer etwas anders aus. Noch dazu war die Welt 1949 noch analog. Die USNO-Beobachtungen wurden noch auf großen gläsernen Fotoplatten aufgenommen, die erst Jahrzehnte später digitalisiert wurden. Beim Scannen alter Fotoplatten kann natürlich einiges schiefgehen – was möglicherweise viele der überschüssigen Sterne erklärt. Doch glücklicherweise können Bildfehler zwar alle möglichen Formen annehmen, sehen aber so gut wie nie aus wie Sterne. Dadurch sind sie relativ leicht von den echten Sternen zu unterscheiden. Nach einer rigorosen Analyse kam VASCO zu dem Ergebnis, dass von all den fehlenden Lichtquellen etwa 100 garantiert Sterne waren, die ohne naheliegende Erklärung einfach komplett verschwunden sind.

Könnten sich die Sterne nicht einfach bewegt haben? Die Sonne fliegt doch auch mit gut 220 km/s rund ums Zentrum der Milchstraße – das sind unglaubliche 800 000 km/h. Doch damit sich ein Stern für uns sichtbar am Himmel bewegt, muss er nicht nur schnell sein, sondern sich sehr schnell *relativ zu uns* bewegen. Es reicht nicht, wenn er rasant um das Zentrum der Milchstraße herum unterwegs ist, aber dabei die ganze Zeit quasi neben uns herfliegt. Doch auch solche Sterne gibt es: Barnards Pfeilstern zum Beispiel, mit einer Relativgeschwindigkeit von 143 km/s. Das ist wirklich sehr schnell und führt zu einer Bewegung am Himmel von 10 Bogensekunden pro Jahr. Das kann man schon in einem kleinen Teleskop gut beobachten. In den 70 Jahren zwischen den beiden Himmelsdurchmusterungen hat Barnards Pfeilstern damit 12 Bogenminuten, also beinahe den halben Vollmond-Durchmesser zurückgelegt. Könnte das nicht die verschwundenen Sterne erklären? Nein, denn Barnards Pfeilstern ist nicht nur der schnellste Stern, den wir kennen, sondern auch einer unserer nächsten (nach den drei Sternen des Alpha Centauri Systems der viertnächste). Nur deshalb ist seine Bewegung auch tatsächlich am Himmel bemerkbar. Bei weiter entfernten Sternen ist es immer weniger wahrscheinlich, dass wir ihre Bewegung am Himmel sehen können. Nur ganz wenige Sterne haben eine so hohe Eigengeschwindigkeit UND sind so nah an uns dran, dass sich ihre Bewegung über menschliche Zeiträume hinweg bemerkbar macht. Um sicherzugehen, wurde im Rahmen von VASCO trotzdem ein entsprechend großer Bereich um jeden verschwundenen Stern herum abgesucht – ohne Erfolg.

Was ist also mit ihnen passiert? Etwas Spektakuläres? Könnten die Sterne vielleicht von einem Schwarzen Loch verschluckt worden sein? So absurd sich die Frage anhört: Schwarze Löcher, vor allem die super-massereichen in den Zentren von Galaxien, verschlucken immer wieder mal gern ein Häppchen, darunter auch der eine oder andere Stern. Allerdings ist die Sterndichte außerhalb von Galaxienzentren (und eigentlich auch schon *in* den meisten Galaxienzentren) nicht groß genug, damit so was auf einer auch nur annähernd begreifbaren Zeitskala passiert. Die Sterne sind einfach zu weit voneinander entfernt, um sich nahe zu kommen. Und die Schwarzen Löcher, die ja nur aus den extrem seltenen, extrem massereichen Sternen entstehen, sind dementsprechend noch viel seltener. Dass ein arglos vor sich hin fliegender Stern zufällig einem vorbeikommenden Schwarzen Loch begegnet, ist unglaublich unwahrscheinlich. Und dass sie sich dann auch noch auf die Art und Weise begegnen, dass der Stern ins Schwarze Loch hineinfällt und verschluckt wird, ist mit gutem Gewissen auszuschließen.

Was könnte sonst noch das Verschwinden eines Sterns erklären? Eine Möglichkeit wären Sterne, die ihre Helligkeit verändern. Davon gibt es viele und zwar in allen möglichen Formen, Farben und Varianten. Die meisten werden allerdings regelmäßig heller und weniger hell, das heißt, sie verschwinden normalerweise nicht spurlos und dauerhaft, sondern kommen kurz nach ihrem Verschwinden wieder. Dabei verschwinden diese Sterne natürlich nur scheinbar. Wenn ein Stern beispielsweise pulsiert, also regelmäßig größer und kleiner wird, wird er damit auch heller und weniger hell. Jetzt kann es leicht sein, dass der Stern in seiner weniger hellen Phase so schwach leuchtet, dass wir ihn von der Erde aus nicht mehr sehen können. Es sieht also kurz so aus, als wäre der Stern verschwunden. Pulsationen dauern aber meistens nur sehr kurz: einige Stunden oder Tage, in extremen Fällen auch einige Jahre, aber sicher nicht Jahrzehnte. Das heißt, die normalen, regelmäßigen Helligkeitsänderungen von Sternen führen nicht zu ihrem langfristigen Verschwinden.

Es gibt aber auch Sterne, die sich unregelmäßig verändern. Eine Möglichkeit ist etwas, das tatsächlich kürzlich dem Riesenstern Beteigeuze passiert ist: Er verschwand im Nebel seiner eigenen Ausdünstungen! Sterne schleudern in ihrem Endstadium wiederholt große Gaswolken in den Weltraum hinaus, die dann in einigem Abstand vom Stern abkühlen und auskristallisieren, also zu einer Staubwolke werden.

Diese riesige Staubwolke kann einen Großteil des Sterns so verdunkeln, dass seine Helligkeit dramatisch sinkt – so gesehen (oder eben auch nicht) bei Beteigeuze im Winter 2019/20. So ein gigantischer Massenauswurf ist schon ungewöhnlich, aber noch lange kein Anzeichen, dass der Stern unmittelbar vor seinem Ende steht – zumindest nicht auf menschlichen Zeitskalen. Mittlerweile hat Beteigeuze ihre ursprüngliche Helligkeit wieder erreicht, die Staubwolke hat sich verzogen.

Aber es gibt noch eine andere Möglichkeit für unerwartete, plötzliche Helligkeitsänderungen eines Sterns: Etwas, das kurioserweise vor Kurzem wieder Beteigeuze passiert ist: Im Dezember 2023 wurde Beteigeuze vom Asteroiden Leona bedeckt und war für ein paar Sekunden beinahe vollkommen vom Himmel verschwunden. Sie haben es verpasst? So wie der Großteil der Erdbevölkerung: Wie bei einer Sonnenfinsternis (die ja genau genommen auch eine Sternbedeckung ist) konnte das Spektakel nur von einer ganz schmalen Linie auf der Erdoberfläche aus beobachtet werden. Winzig war der Schatten des nur 80 km großen Asteroiden, der den 650 Lichtjahre entfernten und über 1 Milliarde km großen Riesenstern nicht voll abdecken konnte. So unwahrscheinlich es auch klingen mag, solche Sternbedeckungen gibt es immer wieder mal. Doch kommen die Sterne meistens nach kürzester Zeit auch wieder hinter ihrem Bedecker hervor und verschwinden eben nicht für Jahrzehnte.

Wie steht es nun aber um den Tod der Sterne? Könnten die verschwundenen Sterne denn nicht einfach heimlich, still und leise ihr Leben ausgehaucht haben und verglüht sein? Aber nein, Sterne gehen doch weder heimlich, noch still oder leise. Sterne sind Drama Queens. Sie gehen mit einem großen Knall. Wie es sich Dylan Thomas gewünscht hat*, gehen sie nicht sanftmütig in diese gute Nacht, sondern wüten gegen das Sterben des Lichts.

Doch vielleicht ist das nicht immer so. Es gibt die Theorie der sogenannten *»failed Supernova«*, der gescheiterten Sternexplosion. Irgendwie ein beruhigender Gedanke – dass sogar das energiegeladenste Ereignis des Universums in die Hose gehen kann. Erinnern Sie sich daran, wenn Ihnen das nächste Mal etwas misslingt. Was bedeutet eine gescheiterte Supernova konkret? Der Stern explodiert nicht in einer gigantischen Supernova, während sein dichter Kern in sich selbst zusammenfällt und ein Schwarzes Loch erzeugt, sondern er kollabiert direkt und plötzlich zu einem Schwarzen Loch. Der Stern ist zu schwer für eine Supernova. Seine eigene Schwerkraft, die nach innen zieht, ist stärker als die Explosionsenergie. Wie unfassbar gigantisch müssen Sterne sein, um ihre eigene Supernova durch ihr schieres Gewicht zu verhindern!

Die wichtigste Rolle spielen dabei Neutrinos**, die Geisterteilchen des Universums, von denen jede Sekunde Abermilliarden unbemerkt durch uns hindurchfliegen. Obwohl Neutrinos so gut wie überhaupt nicht mit anderer Materie interagieren, sind sie es, die eine Supernova-Explosion antreiben. Es ist unglaublich, aber der Großteil der Energie

* In seinem berühmten Gedicht heißt es: »Do not go gentle into that good night. Rage, rage against the dying of the light.«

** Siehe Kapitel November.

einer Supernova steckt in diesen Winzlingen. Sie haben zwar fast keine Masse, aber weil so unfassbare Mengen von ihnen im Kern des Sterns erzeugt werden, tragen sie doch die meiste Energie nach draußen. Der minimale Anteil der Neutrinos, der überhaupt mit der restlichen Sternmaterie interagiert und sie anstößt, reicht aus, um den Stern zum Explodieren zu bringen. Der springende Punkt ist: Schaffen es die Neutrinos aus dem dichten Kern des Sterns heraus, oder nicht? Je nachdem, wie schwer der Sternkern ist und je nachdem, ob er gut durchmischt ist oder nicht, können die Neutrinos eine Supernova nach außen treiben – oder eben nicht. Tatsächlich wurde noch nie eine Supernova beobachtet, deren Vorgängerstern mehr als 17 Mal die Masse der Sonne hatte.

Aber haben wir schon einmal direkt das Verschwinden eines Sterns durch eine *failed Supernova* beobachtet? Der heißeste Kandidat dafür war das mysteriöse Verschwinden des Sterns N6946-BH1. Der wurde 2009 dabei beobachtet, wie er zuerst heller und heller wurde und dann – *puff* – einfach verschwand. Seitdem galt er als vielversprechender Kandidat für eine gescheiterte Supernova. Doch dann kam das James Webb Space Telescope und machte der Entdeckung einen Strich durch die Rechnung. An der exakten Position des verschwundenen Sterns beobachtete das JWST nämlich nicht nur einen Lichtpunkt, sondern gleich drei. Also kein nicht-explodierter Riesenstern, sondern vermutlich einfach ein Mehrfachsystem aus drei oder ursprünglich sogar vier Sternen; das vorübergehende Hellerwerden kann dann durch die Verschmelzung von zwei der ehemals vier Sterne erklärt werden. Es gibt also immer noch keine bestätigte Beobachtung einer *failed Supernova*. Das Phänomen betrifft ja nur die extrem seltenen Riesensterne ab knapp 20 Mal der Masse unserer Sonne – exakt die Größenordnung eines Sterns wie, ja, genau: Beteigeuze. Wir kennen ihre Masse zwar nicht genau, aber sie dürfte knapp unter 20 Sonnenmassen liegen. Wenn es die gescheiterten Supernovae wirklich gibt, dann wäre Beteigeuze genau so ein Stern, der möglicherweise – und entgegen aller Erwartungen – ohne Supernova sein Ende finden könnte. Betelgeuse might go gentle into that good night.

So faszinierend sie auch sein mögen, die *failed Supernovae* sind trotzdem nicht für alle, zumindest nicht für die meisten der 100 verschwundenen Sterne verantwortlich. Die wahrscheinlich beste Erklärung, die wir im Moment dafür haben, ist ein anderes Phänomen: der Gravitationslinseneffekt. Dabei wird durch eine riesige Massenansammlung – meistens ein Galaxienhaufen aus Tausenden von einzelnen Galaxien jeweils von der Größe unserer Milchstraße – das Licht eines dahinterliegenden Objekts wie durch eine Linse vergrößert. Ja, das funktioniert tatsächlich, sehr gut sogar. In beinahe jedem Bild eines Galaxienhaufens kann man bei genauerem Hinsehen diese vergrößerten und verzerrten Objekte sehen: als Bögen oder langgezogene Strukturen zwischen den Galaxien des Haufens oder um sie rundherum. Sie ähneln den Verzerrungen, die man sieht, wenn man durch den Boden eines leeren Weinglases blickt (das funktioniert auch ohne dass man den Wein vorher ausgetrunken hat).

Dabei werden meistens ganze Galaxien im Hintergrund vergrößert, was natürlich sehr praktisch ist. So können wir viel mehr Details der weit entfernten Galaxien aus dem frühen Universum untersuchen. Der Galaxienhaufen wirkt dabei wie ein zweites, natürliches Teleskop. Man bekommt eine extra Vergrößerung gratis dazu. Was aber auch sehr praktisch ist: Man kann durch die Art der Vergrößerung und die Verteilung der vergrößerten Objekte auch die Masse der Linse, also die Masse des Galaxienhaufens, selbst berechnen. Dadurch können wir die Masse im Universum kartieren – und zwar unabhängig vom Licht, das wir beobachten. Der Gravitationslinseneffekt ist für die Astronomie wirklich ein Geschenk des Himmels.

Im Moment interessiert uns aber nicht der Galaxienhaufen, sondern das vergrößerte Bild der Galaxie im Hintergrund. Und das ist ja immer noch das Bild einer ganzen Galaxie aus Milliarden von Sternen und noch lange kein einzelner vergrößerter Stern. Wie kann der Gravitationslinseneffekt also erklären, dass wir *einzelne* Sterne am Himmel aufleuchten und dann wieder verschwinden sehen? Nur durch einen ganz besonderen Glücksfall. Nur wenn die Sterne – im wahrsten Sinne des Wortes – für uns günstig stehen. Es kann nämlich durch die richtige Anordnung zu einem speziellen Fall der Doppelvergrößerung kommen: Neben der Hauptlinse des Galaxienhaufens schiebt sich noch eine weitere, kleinere Sekundärlinse zwischen uns und das schon vergrößerte Bild der Galaxie. Quasi das Photobombing der Gravitationslinsen. Es kommt also noch eine extra Lupe dazu, ein sehr kompaktes Objekt, vielleicht ein Stern oder sogar ein Schwarzes Loch, das für einen Super-Zoom-Effekt sorgt. Den nennt man Microlensing. Bei genau der richtigen Anordnung von Hintergrundgalaxie, Galaxienhaufen, Extra-Linse und uns, dem Beobachter, kann die Vergrößerung so stark sein, dass in der fernen Hintergrundgalaxie tatsächlich einzelne Sterne sichtbar werden. In unserem Bild des Galaxienhaufens erscheint dann irgendwo zwischen den Galaxien ein einzelner kleiner Punkt, ein Stern, der eigentlich viel zu weit weg ist, um sichtbar zu sein, in einer Entfernung von Milliarden von Lichtjahren. So eine extreme Vergrößerung wäre mit jedem erdgebundenen Teleskop vollkommen unmöglich. Da sich unsere zweite Extra-Linse aber natürlich auch bewegt, wird der Einzelstern nur für einen kurzen Zeitraum so stark vergrößert und strahlt so hell, dass wir ihn beobachten können. Je nach Entfernung dauert das meist ein paar Monate oder auch einige Jahre, wonach er so sang- und klanglos verschwindet, wie er aufgetaucht ist.

Dieses Szenario ist nicht etwa das wilde Hirngespinst von theoretischen Astro-Optikern. Wir haben tatsächlich schon eine Handvoll Sternexemplare durch Microlensing beobachtet, allesamt gigantische Monstersterne, Dutzende Male so schwer wie unsere Sonne und Milliarden von Lichtjahre von uns entfernt. Sie tragen Namen wie Earendel, Godzilla und Mothra. Der erste seiner Art war *Icarus*, sein offizieller Name: *MACS J1149 Lensed Star 1*. Er wurde 2018 entdeckt. Ein blauer Überriese, der Hunderttausende Male so hell leuchtet wie die Sonne, in einer fernen, jungen Galaxie im frühen Universum. Sein Licht hat über 9 Milliarden Jahre lang bis zu uns gebraucht. Auf dem Weg wurde es von einem Galaxienhaufen und einer extra Mikrolinse mindestens 2000 Mal vergrößert, sodass er 2016 zum ersten Mal in Aufnahmen des Hubble-Weltraumteleskops auftauchte.

Icarus befindet sich im Sternbild des Löwen, der im März sehr gut am Abendhimmel im Südosten zu sehen ist. Wenn

Sie Richtung Löwen-Popo blicken, und zwar nicht mit Ihren eigenen Augen, sondern mit den zweieinhalb Meter großen Augen des Hubble-Teleskops, können Sie einen kleinen Punkt erspähen, der möglicherweise gerade vor Ihren Augen wieder verschwindet.

Der Mikrolinsen-Effekt könnte also einen Großteil der verschwundenen Sterne erklären. Er ist sehr gut belegt und wird mittlerweile sogar zur Entdeckung von Exoplaneten genutzt. Das VASCO Team hat allerdings auch noch eine andere Erklärung in Betracht gezogen: außerirdische Megastrukturen.

Was wäre, wenn eine Alien-Zivilisation eine gigantische Dyson-Sphäre (Erklärung folgt) um ihren Stern herum gebaut hätte und wir ihn gerade genau in dem Moment der Fertigstellung beobachten? Wir wären zwar bei der spektakulären Sphären-Einweihung inklusive Schampusflaschenwurf und Namensgebung (»Dysi«) live dabei gewesen, doch der Stern würde danach einfach vor unseren Augen verschwinden. Eine Dyson-Sphäre ist eine hypothetische und gigantische Konstruktion, die von einer fortgeschrittenen außerirdischen Spezies gebaut wurde, um einen Großteil der Energie ihres Sterns einzufangen. Die logische Konsequenz einer sich weiterentwickelnden, hochtechnologischen Zivilisation, die ihren wachsenden Energieverbrauch decken muss – zumindest nach den Ideen des theoretischen Physikers Freeman Dyson, der erstmals in den 60ern über diese Sphäre schrieb. Dyson war absolut kein Spinner und meinte damit auch keine fixe kugelförmige Struktur, sondern viele einzelne Energiekollektoren, die den Stern wie in einem riesigen Schwarm umkreisen. Ihm ging es auch weniger um die tatsächliche technische Umsetzbarkeit einer Dyson-Sphäre, sondern um die Frage, wonach wir Ausschau halten sollen, wenn wir eine außerirdische Zivilisation finden wollen. Eine Dyson-Sphäre (oder genauer gesagt ein Dyson-Schwarm) wäre nämlich vergleichsweise einfach zu detektieren. Das Ding wäre riesig und warm, müsste also wie eine interstellare Fackel im Infrarotlicht leuchten. Es wäre kühler als ein Stern, aber vermutlich wärmer als die meisten anderen nicht sternartigen Dinge da draußen. Es wäre wesentlich größer als ein Exoplanet, aber trotzdem noch relativ kompakt.

Zusammengefasst: Eine Dyson-Sphäre ist zwar keine gute Erklärung für die verschwundenen Sterne, aber falls es sie gibt, falls ein Stern da draußen tatsächlich von einer außerirdischen Megastruktur umgeben ist, könnten wir das, so die good news, mit unseren großen Infrarot-Teleskopen unter Umständen wirklich sehen. Eine Dyson-Sphäre wird so auch immer wieder vermutet, wie zuletzt bei »Tabby's Stern«*, doch bisher hat sich noch kein Verdacht erhärtet. The truth is out there!

---

* Ein nach der Astronomin Tabetha Boyajian benannter Stern, der verdächtige, unregelmäßige Helligkeitsschwankungen zeigt. Mehr Details hier: https://doi.org/101093/mnras/stw218

April

Ice Ice Baby

Wie man das Unsichtbare abbildet

04
CHEEEEEESE, BABY!
Supercolor
1000

Alle wollen wissen, wie sie aussehen und was in ihnen drin ist. Gibt es sie wirklich und was passiert, wenn man unabsichtlich in eines hineinfällt? Die Rede ist von *den* klassischen unsichtbaren Dingen überhaupt: Schwarzen Löchern. Abgesehen von der Dunklen Materie und der Dunklen Energie, sind sie die unsichtbarsten aller für uns unsichtbaren Dinge und gleichzeitig auch die populärsten – vielleicht gerade weil sie definitiv real, aber komplett unsichtbar sind. Und das Allerspannendste daran: Obwohl sie so komplett unsichtbar sind, ist es uns gelungen, ein Bild von einem Schwarzen Loch zu machen. Im April 2017 ist es beobachtet worden. In den vier Nächten des 5., 6., 10. und 11. April wurden die großen Radioteleskope von Hawaii bis zum Südpol auf das gleiche, winzige Stück Himmel gerichtet. Und sogar das Wetter hat mitgespielt: an allen Orten, quer über den ganzen Planeten verteilt, waren die Bedingungen gleichmäßig und optimal.

Sie können das Stück Himmel im April wunderbar beobachten: Um Mitternacht ist es in unseren Breiten ziemlich genau im Süden hoch am Himmel im Sternbild Jungfrau zu finden. Das Schwarze Loch können Sie sich dort gern vorstellen, aber leider natürlich überhaupt nicht sehen. Nicht mal die Galaxie, in der es sich befindet, ist für uns zu erkennen, obwohl es eine der massereichsten Galaxien im lokalen

Universum ist. Mit einem kleinen Teleskop kann man sie ganz gut sehen, nicht aber das Schwarze Loch selbst, denn das bleibt unsichtbar, egal, wie groß das Teleskop ist, durch das Sie schauen.

Wie ist es uns dann gelungen, ein Bild von dem Schwarzen Loch zu machen? Nur damit das gleich klar ist: Ein Bild von einem Schwarzen Loch kann nie ein Bild vom Schwarzen Loch selbst sein. Wir können Schwarze Löcher nicht sehen, per Definition, da ja kein Licht aus ihnen herauskommt. Nichts kommt von einem Schwarzen Loch weg, auch nicht das Licht, das schnellste, was es gibt. Um der Schwerkraft der Erde zu entkommen, muss man mit 11,2 Kilometern pro Sekunde von ihr wegfliegen, ungefähr 40 000 km/h. Das ist die sogenannte zweite kosmische Geschwindigkeit. Was ist mit der ersten kosmischen Geschwindigkeit? Das ist die Geschwindigkeit, die eine Rakete in eine kreisförmige Umlaufbahn um die Erde bringt, also gerade schnell genug, um nicht wieder auf die Erde zurückzufallen, sondern eben gerade an ihr vorbei. Die Dinge im Weltraum *fliegen* ja eigentlich nicht um die Erde, sondern sie fallen. Die dritte kosmische Geschwindigkeit ist dann die Geschwindigkeit, die es braucht, um von der Erdoberfläche aus das Sonnensystem zu verlassen. Die läge eigentlich bei 42 km/s, doch praktischerweise steht die Erde nicht still, sondern fliegt schon sehr schnell um die Sonne. Diesen Schwung kann eine Rakete nutzen: sie lässt sich quasi von der Bahngeschwindigkeit der Erde zusätzlich hinausschleudern. So braucht es »nur« 16,6 km/s. Die Geschwindigkeit von Voyager 1 liegt mit 16,9 km/s knapp darüber, sie wird das Sonnensystem verlassen.

Von der Oberfläche der Sonne beträgt die Fluchtgeschwindigkeit gut 600 km/s und aus der gesamten Milchstraße etwa 500 km/s. Warum ist die Fluchtgeschwindigkeit aus der Milchstraße geringer als die von der Sonne? Es kommt eben nicht nur auf die Masse an, sondern ganz entscheidend ist auch die Konzentration dieser Masse. Die Milchstraße ist zwar viel schwerer, aber gleichzeitig auch viel, viel lockerer verteilt als die Masse der Sonne. Und das ist genau der Punkt, der auch ein Schwarzes Loch erst zu einem Schwarzen Loch macht: die Konzentration. Die ganze Masse ist so konzentriert, dass die Fluchtgeschwindigkeit höher als die Lichtgeschwindigkeit geworden ist. Die dafür notwendige Konzentration ist immens: Wenn wir die anderthalb Millionen Kilometer große Sonne auf eine Kugel mit einem Radius von 3 Kilometern zusammenpressen würden – dann hätten wir ein Schwarzes Loch.

Ein Bild von einem Schwarzen Loch ist also immer eine Abbildung dessen, was um das Schwarze Loch herum passiert. Wir können es zwar nicht sehen, aber es macht sich durch die Schwerkraft seiner immensen Massenkonzentration bemerkbar. Es beeinflusst seine Umgebung so stark, dass wir es auch aus tausenden oder sogar Millionen von Lichtjahren Entfernung beobachten können. Es gibt verschiedene Möglichkeiten, wie sich ein Schwarzes Loch auf seine Umgebung so auswirkt, dass wir es auch beobachten können. Im Grunde sind es vier Beobachtungsmöglichkeiten, von den wirklich unsichtbaren Gravitationswellen* mal abgesehen. Erstens: der Gravitationslinseneffekt. Das ist das

* Siehe Kapitel September.

Bild, das sich die meisten von uns vorstellen, wenn sie an ein Schwarzes Loch denken. Eine schwarze Kugel mit einem verzerrten Ring aus hellem Licht rundherum, der sich auch verändert, wenn sich das Schwarze Loch vor dem Hintergrund vorbeibewegt (oder der Beobachter rundherum fliegt). Die Massenkonzentration des Schwarzen Lochs führt dazu, dass der Raum selbst wie eine riesige Linse gekrümmt wird, die das Licht rund um das Schwarze Loch herumlenkt. Diesen starken Gravitationslinseneffekt können wir noch nicht direkt beobachten, aber wir können uns ausrechnen, wie er aussehen würde. Alle Darstellungen von Schwarzen Löchern aus unmittelbarer Nähe sind Simulationen, beeindruckend zu bewundern zum Beispiel im Film *Interstellar* oder einer neuen Simulation der NASA[20].

Die zweite Option ist das sogenannte Microlensing. Funktioniert nach dem gleichen Prinzip wie der starke Gravitationslinseneffekt, aber in dem Fall sehen wir nicht das verzerrte Bild des Hintergrunds, sondern nur eine Veränderung in der Helligkeit des Hintergrundlichts. Dieser Effekt ist zwar weniger spektakulär, dafür aber aus viel größerer Entfernung beobachtbar. Wenn die Linse des Schwarzen Lochs sich zufällig genau vor einem anderen Stern im Hintergrund vorbeischiebt, wird das Sternenlicht durch die Linse vergrößert, also tatsächlich heller gemacht. Das Licht wird dabei auch leicht abgelenkt, das heißt, die Position des Sterns verändert sich minimal. Wir sehen in dem Fall also einen Stern kurz aufblinken und langsam hin und her wobbeln. Genau so wurde vor kurzem das erste einsame, inaktive Schwarze Loch aufgespürt[21]. Ohne einen Begleiterstern und ohne jede Menge Material zu verschlucken, sind solche Schwarzen Löcher sonst nicht nachzuweisen. Und wenn die geometrische Anordnung passt, ist dieser Effekt über gigantische Entfernungen hinweg zu beobachten. Damit können mit großem Glück sogar einzelne Sterne in fernen Galaxien im frühen Universum aufgespürt werden, wie es etwa mit *Earendel* oder *Icarus* gelungen ist*.

Die dritte Möglichkeit, ein Schwarzes Loch zu enttarnen, ist die Beobachtung der Gravitationswirkung auf die weitere Umgebung. So können wir zum Beispiel sehen, dass sich manche Sterne um etwas Unsichtbares herum bewegen. Dieses unsichtbare Ding muss natürlich sehr schwer sein, um seinen Nachbarstern auf eine Umlaufbahn zu zwingen. Und über die Bewegung des Sterns kann man errechnen, wie viel Masse da sein muss, um den Stern auf diese Art abzulenken. So kann man bei einem Doppelstern aus einem leuchtenden und einem toten Stern die Anwesenheit und Eigenschaften des Schwarzen Lochs nachweisen. Auf eine ähnliche Art und Weise wurde auch das Schwarze Loch im Zentrum der Milchstraße zweifelsfrei als solches bestätigt: In mühsamen, jahrzehntelangen Beobachtungen des Milchstraßenzentrums mit den größten Teleskopen auf der Erde, gelang es zwei unabhängigen Forschungsteams die Sterne im Zentrum der Milchstraße – in 26 000 Lichtjahren Entfernung! – zu beobachten: Sie fliegen alle auf verschiedenen Bahnen um dasselbe unsichtbare Ding genau in der Mitte der Milchstraße herum. Dessen Masse: knapp über 4 Millionen Sonnen, zusammengequetscht auf kleinsten Raum, kleiner als die Umlaufbahn des Planeten Merkur, und un-

* Siehe Kapitel März.

sichtbar. Es kann also nur ein Schwarzes Loch sein. Dafür durften sich die zwei Forschungsteams 2020 den Physik-Nobelpreis teilen.

Am besten zu beobachten ist ein Schwarzes Loch aber, wenn es gerade gierig jede Menge Material verschlingt. Das ist Möglichkeit Nummer vier. Dabei ist natürlich immer noch nicht das Schwarze Loch selbst zu sehen, aber das Material, das gerade verschluckt wird, wird so heiß, dass es Röntgenstrahlung erzeugt. So wurde das erste Schwarze Loch Anfang der 1970er Jahre beobachtet und nachgewiesen, *Cygnus X1*. Dieses Monster eines Doppelsterns besteht aus einem Riesenstern mit 40 Sonnenmassen und einem etwa halb so schweren Schwarzen Loch, das Material von dem Riesenstern abzieht und verschluckt. Das Material stürzt aber nicht direkt ins Schwarze Loch hinein, sondern bewegt sich mit hoher Geschwindigkeit. Es kommt ja von dem Nachbarstern, der sich auch rasant relativ zu seinem Begleiter bewegt. Das Material strömt also spiralförmig auf das Schwarze Loch ein und bildet eine Akkretionsscheibe. Durch die starke Beschleunigung und Reibung des Materials wird diese Scheibe extrem heiß und leuchtet ihrer Temperatur entsprechend im Röntgenlicht. Die hohe Temperatur bewirkt auch, dass Atomkerne und Elektronen voneinander getrennt werden: das Material wird ionisiert, also elektrisch geladen. Das Ganze wirkt wie ein gigantischer Dynamo, der immense Magnetfelder erzeugt. Diese Magnetfelder wiederum beschleunigen die herumschwirrenden Elektronen, die am Magnetfeld entlang spiralisieren und dadurch Radiostrahlung erzeugen. Als Punktquelle sind diese aktiven Schwarzen Löcher sehr leicht zu sehen. Sie wurden sofort entdeckt, sobald wir die ersten Radio- und Röntgenteleskope auf den Himmel richteten. Aber um mehr als nur einen Punkt zu sehen, braucht es eine immense Auflösung. Diese Schwarzen Löcher sind ja eigentlich sehr klein. Röntgenteleskope haben von ihrer Funktionsweise her keine besonders gute Auflösung und Radioteleskope eigentlich auch nicht, weil die Radiowellen so lang sind und darum nur sehr unscharfe Bilder ergeben. Aber glücklicherweise gibt es einen Trick: Interferometrie. Wir können das Signal von vielen verschiedenen Teleskopen so überlagern, dass sich nicht nur die Lichtstärke erhöht, sondern auch die Auflösung*.

Mit Hilfe der Interferometrie ist es tatsächlich gelungen, das erste aufgelöste Bild der Akkretionsscheibe eines Schwarzen Lochs zu machen. Und noch dazu war es kein »normales« Schwarzes Loch in unserer galaktischen Umgebung, sondern ein supermassereiches aktives Schwarzes Loch im Zentrum einer anderen Galaxie, die 50 Millionen Lichtjahre von uns entfernt ist. Es war das Schwarze Loch in der elliptischen Riesengalaxie M87. Warum wurde für den ersten Versuch ein so weit entferntes Objekt ausgesucht? Unsere eigene Milchstraße hat doch auch ein formidables supermassereiches Schwarzes Loch in ihrem Zentrum. Das wäre doch viel näher an uns dran und sollte leichter abzubilden sein. Stimmt nicht. Denn je nachdem, wie groß das Schwarze Loch ist und was gerade in seiner Umgebung passiert, ist es leichter oder schwerer, ein Bild davon zu machen. Um ein aufgelöstes Bild eines Schwarzen Loches zu schießen, brauche ich ein möglichst großes Schwarzes Loch, das

* Mehr dazu auch im Kapitel September.

gerade auch möglichst viel Material verschluckt. Die Größe eines Schwarzen Lochs wächst mit seiner Masse, also suchen wir idealerweise ein möglichst massereiches, möglichst aktives Schwarzes Loch aus, um es abzulichten. Das Schwarze Loch im Zentrum der Milchstraße verschluckt zwar ab und zu eine Gaswolke, aber besonders aktiv ist es nicht. Außerdem liegt es aus unserem Blickwinkel in der galaktischen Scheibe hinter Tausenden von Lichtjahren voller Sterne, Staub und Gas. In anderen Galaxien können wir, obwohl sie viel weiter weg sind, viel direkter ins Zentrum hineinschauen.

Das Schwarze Loch in M87 dagegen ist extrem aktiv. Das wissen wir, weil wir sehen können, wie gigantische Jets an Material aus dem Zentrum der Galaxie herausschießen. Wir sehen die Jets sogar im sichtbaren Licht, aber extrem hell erstrahlen sie dank den beinahe auf Lichtgeschwindigkeit beschleunigten Elektronen im Radiobereich. Warum ist M87 so aktiv? Die Galaxie befindet sich im Zentrum des Virgo-Galaxienhaufens. Dort wird sie regelmäßig und schon seit langer Zeit mit jeder Menge Material gefüttert. Das Schwarze Loch in ihrem Zentrum (M87*, sprich M87 Stern) ist ein wahres Ungetüm. Es hat nicht nur Millionen, sondern Milliarden Mal die Masse unserer Sonne. Darum ist es auch wesentlich größer, etwa 120 Mal die Entfernung Erde-Sonne oder dreimal so groß wie die Umlaufbahn des Zwergplaneten Pluto. Dort wo in unserem Sonnensystem gerade Voyager 1 durch den leeren Raum rast, wären wir zwar schon außerhalb des Ereignishorizonts, also aus dem eigentlichen Schwarzen Loch heraus, aber immer noch im dunklen Bereich in der Mitte des berühmten Bildes.

Denn was genau sehen wir auf dem Bild? Einen orange leuchtenden Ring vor einem tiefschwarzen Hintergrund mit einem etwas weniger schwarzen Schatten in der Mitte. Jetzt könnte man annehmen, der helle Ring wäre die Akkretionsscheibe und der dunkle Bereich in der Mitte das Schwarze Loch, doch ganz so einfach ist es nicht. Ja, in der Mitte des Bildes sehen wir tatsächlich das lichtverschluckende Schwarze Loch, aber wir sehen nicht nur seine Vorderseite. Der Raum rund um das Schwarze Loch ist so extrem stark gekrümmt, dass das Licht rundherumgewickelt wird. Neben der Vorderseite des Schwarzen Lochs bekommen wir daher auch seine Rückseite zu sehen. Das Licht des Materials, das sich gerade noch außerhalb des Ereignishorizonts befindet, kann der Anziehungskraft zwar entkommen, aber nicht einfach geradeaus wegfliegen. Es wird so oft und so lange um das Schwarze Loch herumgewickelt, bis es dann in etwa der dreifachen Entfernung endlich entkommen kann. Der dunkle Bereich ist also etwa dreimal so groß wie der Ereignishorizont. Dann aber kommt das ganze Licht von weiter innen auf einmal heraus und fliegt geradeaus in unsere Richtung. Das erzeugt den extrem hellen leuchtenden Ring, den sogenannten Photonenring. Das Schwarze Loch wirft also tatsächlich einen dreimal so großen Schatten auf die Akkretionsscheibe, die es umgibt. Noch dazu sehen wir auch die Hinterseite der Akkretionsscheibe, die eigentlich hinter dem Schwarzen Loch wäre, aber durch den Linseneffekt quasi nach oben und nach unten geklappt ist. Darum sähe das Schwarze Loch immer rund aus, egal aus welcher Richtung wir es betrachten. Die Akkretionsscheibe ist zwar relativ flach und umgibt das Schwarze Loch wie ein glühender Donut, würde aber auch von der Seite her gesehen rund aussehen. Die scheinbare Größe des glühenden Donuts ist übrigens in etwa die eines echten Donuts, der auf der Mondoberfläche liegt. Natürlich von der Erde aus betrachtet. Oder eine andere Analogie: Stellen Sie sich vor, jemand hält eine gewöhnliche Nähnadel in Südamerika hoch. Das Bild des Schwarzen Lochs erscheint uns so groß wie das Nadelöhr von Europa aus betrachtet. Die Krümmung der Erdoberfläche haben wir hier ausnahmsweise mal vernachlässigt.

Wie um alles in der Welt kann man so etwas Kleines fotografieren? Man braucht dazu (fast) alle großen Radioteleskope der Welt und etwa 200 Wissenschaftler:innen, die ein paar Jahre daran arbeiten, das Bild zu erstellen. Es ist auch kein echtes Bild, sondern »nur« ein simuliertes. Das »nur« steht hier ganz ausdrücklich in Anführungszeichen, denn die technische und wissenschaftliche Leistung dahinter ist unglaublich. Das Bild wurde vom *Event Horizon Telescope* aufgenommen. Es besteht aus acht Teleskopen an sechs verschiedenen Standorten: zwei in Hawaii und Chile und je eines in Arizona, Mexiko, Spanien und am Südpol, von denen einige wiederum aus zahlreichen einzelnen Antennen bestehen. Wie kann ein Teleskop aus einzelnen Teleskopen bestehen? Das Signal der einzelnen Antennen wird mithilfe der Interferometrie zusammengeschaltet. Wenn die Teleskope alle zur gleichen Zeit auf das gleiche Objekt gerichtet sind und das beobachtete Signal genau zusammengeschaltet wird, kann damit ein Teleskop simuliert werden, das die gleiche Auflösung hat wie der größte Abstand zwischen zwei einzelnen Teleskopen. Im Fall des Event Horizon Teleskops wird also tatsächlich ein beinahe erdgroßes Teleskop erzeugt.

Wie genau funktioniert das? Die Idee der Interferometrie ist eine der verblüffendsten Techniken in der Astronomie. Das Licht von verschiedenen Teleskopen wird dabei auf ganz bestimmte Weise addiert. Das klingt jetzt noch nicht so außergewöhnlich, denn bei eigentlich allen Bildern von großen Teleskopen werden ja verschiedene Einzelaufnahmen zu einem Gesamtbild zusammengerechnet. Die Lichtwellen müssen bei der Interferometrie jedoch gaaaaanz genau, Welle für Welle, überlagert und so addiert werden. Man muss ganz genau wissen, wo sich gerade ein Wellenberg oder ein Wellental befindet. Nur so wird durch das Kombinieren der einzelnen Beobachtungen auch die Auflösung größer. Das Problem beim Wellenüberlagern ist aber, dass sich Lichtwellen auch mit Lichtgeschwindigkeit bewegen. Das heißt, die Wellenberge folgen sehr schnell aufeinander. Je länger aber die Lichtwelle, desto länger dauert es bis zum nächsten Wellenberg und desto leichter ist es, die Wellen auch genau zu überlagern. Darum eignen sich die langen Radiowellen sehr gut für die Interferometrie.

Die verschiedenen Teleskope müssen also nicht nur genau zur gleichen Zeit das gleiche Ding beobachten, sondern die Zeit der Beobachtung muss extrem genau aufgezeichnet werden. Denn auch die langen Radiowellen sind immer noch sauschnell. Für den Zeitstempel werden extrem stabile Atomuhren verwendet, die die Beobachtungszeit mit einer Millionstel Sekunde Genauigkeit aufzeichnen und erst in 100 Millionen Jahren etwa 1 Sekunde falsch gehen würden. Die Datenmenge ist ebenso phänomenal: Es wurden für das berühmte Bild 64 Gigabits pro Sekunde aufgezeichnet, was insgesamt etwa 5 Petabytes an Daten entspricht, die für die Erstellung des Bildes verwendet wurden. Das sind zwei Millionen Filme in HD. Damit sind auch die langen Radiowellen noch zu schnell, um das Signal zum Beispiel über das Internet zu übertragen. Die Daten wurden ganz klassisch auf Festplatten gespeichert und dann um den halben Globus geschifft – beziehungsweise von den beteiligten Forscher:innen mit dem Flugzeug zum Supercomputer gebracht. Dort wurde das Bild mit Hilfe von verschiedenen Modellen und Annahmen und mit speziell entwickelten Algorithmen mühsam rekonstruiert.

Sieht das Schwarze Loch also wirklich so aus? Nun ja, das ist alles eine Frage der Wahrscheinlichkeit. Ein simuliertes Teleskop liefert natürlich auch nur ein simuliertes Bild. Und da das simulierte Teleskop nur aus wenigen Einzelteleskopen besteht, gibt es auch viele Möglichkeiten das Bild zu rekonstruieren. Die Lücken in den Daten lassen verschiedene Interpretationen zu. Das Ergebnis zeigt die wahrscheinlichste Lösung unter allen möglichen rekonstruierten Bildern.

Es ist so, als würde man ein Lied auf einem kaputten Klavier spielen. Jede Taste auf dem Klavier entspricht einer gewissen Information, in dem Fall der Tonhöhe. Je mehr Tasten funktionieren, desto leichter kann ich das gespielte Lied erkennen. Wenn die Pianistin aber nur ein paar wenige Tasten zur Verfügung hat, kann ich nur raten, welches Lied es ist. Bei der Interferometrie entspricht jedes Teleskop-Paar einer Taste auf dem Klavier. Jeder Abstand zwischen zwei Teleskopen aus dem gesamten Ensemble enthält eine gewisse Bildinformation – je nach der Größe des Abstands (auch Baseline genannt) fällt diese verschieden aus. Darum braucht es auch so viele verschiedene Abstände zwischen den Einzelteleskopen wie möglich. Wenn alle zusammengeschalteten Teleskope im gleichen Abstand voneinander stehen, nutzt das kaum etwas für die Auflösung. Jede Baseline liefert nun also eine bestimmte räumliche Information und entspricht quasi einer Taste des Klaviers, das ein Lied spielt, bei dem immer Töne fehlen müssen, weil man nie *alle* möglichen Abstände zwischen zwei Teleskopen abdecken kann.

Nun stellen Sie sich vor, Sie hören den Song *Under Pressure* auf dem kaputten Piano. Es sind nicht alle Töne da, aber Sie erkennen die Melodie. Doch ist es tatsächlich *Under Pressure*? Könnte es nicht auch *Ice Ice Baby* sein, das ein Sample der Melodie verwendet? Wie könnten wir zwischen den beiden Optionen unterscheiden? Ganz einfach: durch zusätzliche Informationen. Wenn Sie den Song zum Beispiel auf dem Konzert einer Queen-Tribute-Band hören, wird es nicht *Ice Ice Baby* sein. Bei einer 90er-Jahre-Disco (warum auch immer Sie dort gelandet sind!) hingegen schon eher. Die richtigen Zusatzinformationen können also die Wahrscheinlichkeit erhöhen, dass man richtigliegt. Genauso ist es bei dem Bild. Wir wissen, dass das Schwarze Loch nicht *irgendwie* aussehen kann, sondern dass es sich an gewisse Rahmenbedingungen halten muss. Der Algorithmus wird mit diesen Zusatzinformationen gefüttert und rekonstruiert so das Bild, das am besten zu dem passt, was wir schon wissen.

Die Wissenschaft sucht eben nicht nach der ultimativen Wahrheit und Wirklichkeit. Es geht bei ihr darum, Modelle aufzustellen, die das, was wir sehen oder messen, gut beschreiben. Modelle, mit denen wir dann vor allem auch Vorhersagen machen können, die überprüfbar sind. Und nur genau genug hinzuschauen reicht dafür nicht. Ohne schon eine gewisse Idee von dem zu haben, was wir da sehen, können wir oft nichts mit dem Beobachteten anfangen. Das ist die eigentliche Bedeutung des Schnappschusses vom Schwarzen Loch. Oder wie André Heller es sagte: Die Wirklichkeit, die Wirklichkeit trägt wirklich ein Forellenkleid.

Mai

The Big Ring

Wie die Megastrukturen im frühen Universum entstehen

05

Der Spätfrühling ist ein guter Zeitpunkt, um ein bisschen Orientierung am Himmel zu üben und sich nach Sternbildern umzusehen. Man hält sich abends wieder gern im Freien auf, aber es ist noch nicht ganz so lang hell wie im Juni und Juli. Doch hier kommt gleich eine Klugscheißerwarnung: Die Sternbilder sind nicht das, was Sie glauben. Sie sind nicht die Linien, die die Sterne verbinden, wie bei Zahlenbildern für Kinder, sondern ein Bereich am Himmel. Der ganze Himmel ist lückenlos in Sternbilder aufgeteilt, wie Länder auf einer Landkarte. Die Linien können Sie sich ausdenken, wie Sie wollen, die sind nicht offiziell definiert. Alle Sterne gehören zu irgendeinem Sternbild, wie Städte und Dörfer zu einem Land gehören. Jetzt können Sie natürlich versuchen, alle Städte eines Landes mit Linien zu verbinden, bis ein schönes Bild dabei rauskommt, aber mit der Definition der Landeszugehörigkeit hat das wenig zu tun. Die Einteilung der Sterne in Sternbilder ist dabei ähnlich willkürlich, beziehungsweise historisch gewachsen wie bei den Ländern: Die haben sich Leute vor ein paar Tausend Jahren einfach ausgedacht, so wie man sich an einem lauen Frühlingsnachmittag im Gras liegend lustige Tiere in den Wolken ausdenkt. Diese Leute waren die Ägypter und Babylonier und in weiterer Folge die alten Griechen. Andere Kulturen haben natürlich andere Bilder, aber die Bilder

der Antike bilden die Grundlage der Sternbilder, die wir heute noch in der Astronomie verwenden.

Und die Sternzeichen? Die Tierkreiszeichen sind diejenigen Sternbilder, die sich genau entlang der Ebene des Sonnensystems quasi als Kulisse im Hintergrund befinden. Die Erde bewegt sich im Laufe eines Jahres um die Sonne, aber von der Erde aus betrachtet sieht es so aus, als würde sich die Sonne vor den Sternbildern vorbeibewegen. Sie bewegt sich im Laufe eines Jahres einmal rundherum und steht also immer in einem dieser Sternbilder. Das soll jetzt aber keine wissenschaftliche Erklärung der Astrologie werden, denn die tatsächliche Position der Sonne und der Planeten hat sehr wenig mit den Sternzeichen zu tun. Wenn Sie Zwilling im Sternzeichen sind, sollte das eigentlich heißen, dass die Sonne bei Ihrer Geburt im Sternbild der Zwillinge stand. Tat sie aber nicht. Durch die langsame Bewegung der Erdachse im Laufe der Jahrhunderte und Jahrtausende hat sich seit der Festlegung der Sternzeichen vor fast 3000 Jahren alles um ein gutes Stück verschoben. Außerdem sind die Tierkreiszeichen der Astrologie alle gleich groß, die entsprechenden Sternbilder aber überhaupt nicht. Auf ihrer scheinbaren Bahn durch die Sternbilder im Laufe eines Jahres hält sich die Sonne unterschiedlich lange in den jeweiligen Sternbildern auf. Um die größeren zu durchqueren, braucht sie länger als bei den kleineren. Sie steht also nicht immer genau einen Monat in einem Sternbild. Und noch dazu steht sie im Dezember gut zwei Wochen lang in einem Sternbild, das es gar nicht als Sternzeichen gibt. Der arme Schlangenträger wurde als 13. Sternbild, das die Sonne auf ihrer scheinbaren Bahn am Himmel durchquert, einfach unter den Tisch fallen gelassen. Auch sehr schade finde ich, dass die Bahn der Sonne das Sternbild Einhorn, das an die Zwillinge grenzt, ganz knapp verpasst. Denn Einhorn wäre natürlich ein ziemlich cooles Sternzeichen.

Die Sternbilder haben also außer der Zugehörigkeit und Namensgebung von Sternen und anderen Himmelsobjekten kaum astronomische Bedeutung. Trotzdem ist es hilfreich, ein paar Sternbilder zu kennen, zumindest die helleren, um sich am Himmel zurechtzufinden. Und es ranken sich um sie recht lustige Geschichten, denn die Menschen hatten früher eine ziemlich blühende Phantasie. Der Himmel ist voll von abstrusen Mischwesen, Monstern und Helden.

Wie viele der 88 Sternbilder, die es am Himmel gibt, würden Sie zusammenbringen? Das Sternbild, das fast alle kennen, ist der Große Wagen. Obwohl der ja genau genommen – Klugscheißerwarnung Nr. 2 – nicht einmal ein richtiges Sternbild ist, sondern nur ein Asterismus. Was wie eine Krankheit klingt, ist der Name eincr Form aus Sternen, die eben kein Sternbild ist, wie der Große Wagen oder das Sommerdreieck. Der Große Wagen besteht aus den hellsten Sternen des Großen Bären (dieser ist sehr wohl ein Sternbild) und ist erstens ziemlich leicht zu finden und zweitens auch das ganze Jahr über zu sehen, weil er nie untergeht. Jetzt gerade im Mai steht er noch dazu ziemlich genau im Zenit, also genau über unseren Köpfen am höchsten Punkt des Himmels. Die Form erinnert an einen Pferdewagen, obwohl ich finde, er sieht eher aus wie ein Fahrradanhänger oder ein Einkaufswagen im Supermarkt. Der Große Fahrradanhänger ist auch sehr praktisch, weil man damit leicht andere Sterne und Sternbilder finden kann: den Polarstern zum Beispiel oder in die andere Richtung den hellsten Stern des Nordhimmels. Verlängern Sie einfach die Deichsel des Anhängers in ihrer Biegung nach unten und Sie landen bei einem sehr hellen, leicht rötlichen Punkt: Arcturus, der Hauptstern des Bärenhüters.

Arcturus ist mit 37 Lichtjahren Entfernung ziemlich nah an uns dran und zeigt uns das, was uns noch bevorsteht: die Zukunft der Sonne als Roter Riese. Arcturus hat etwa die gleiche Masse wie unsere Sonne, aber schon den 25-fachen Sonnendurchmesser: er hat sich zu einem Roten Riesen aufgebläht. Sein Radius bemisst sich auf knapp ein Achtel der Entfernung Erde-Sonne oder etwa die halbe Umlaufbahn des innersten Planeten Merkur. Sein Alter wird auf etwa 8 Milliarden Jahre geschätzt, er ist also beinahe doppelt so alt wie das Sonnensystem und einer der ältesten Sterne, die man mit freiem Auge am Himmel sehen kann. Wenn man den Bogen noch ein Stückchen weiter verlängert, kommt man zu einer ganz anderen Art von Stern: Spica, dem Hauptstern der Jungfrau. Spica ist ein blauer Riese, also nicht ein alter Stern, der sich aufgebläht hat, sondern ein ganz junger Stern, der von Haus aus so groß ist. Spica hat etwa zwölf Mal die Masse der Sonne, leuchtet 20 000 mal so hell und ist mit 10 Millionen Jahren noch ein Kleinkind – ein sehr dickes Baby, das auch schon in einigen Millionen Jahren als Supernova explodieren wird.

Gleich rechts (bzw. westlich) von Spica und Arcturus steht noch ein drittes schönes Frühlingssternbild: der Löwe, oder wie ich ihn zu nennen pflege: das Große Bügeleisen. Der Kopf und Vorderteil des Löwen (bzw. der Griff des Bügeleisens) sieht auch wie ein verkehrtes Fragezeichen aus. Den

Punkt des Fragezeichens bildet Regulus, der Hauptstern des Löwen, der nicht nur ein Stern ist, sondern gleich vier. Regulus ist ein Vierfachsystem, das aus jeweils zwei engen Doppelsternen besteht, die einander umkreisen. Regulus und Arcturus kennen Sie vielleicht aus den Harry-Potter-Büchern, wo sie gemeinsam als Vorname eines Charakters vorkommen. Am Himmel bilden sie mit Spica das Frühlingsdreieck (genau, ein Asterismus!).

Aber genug von den ausgedachten Formen am Himmel. Denn die Sternbilder sind natürlich keine echten Strukturen, die Sterne haben nichts miteinander zu tun. Sie sind sich nicht mal nah, sondern stehen teilweise weit vor- oder hintereinander. Die Sterne des Großen Wagens zum Beispiel sind zwischen etwa 75 und 125 Lichtjahren von uns entfernt, also beinahe so weit voneinander wie von uns. Aber wenn Sie gerade schon Richtung Großer Wagen schauen, gibt es dort auch eine wirklich zusammenhängende Struktur, sogar eine der größten, die wir jemals beobachtct habcn. Sic können sie aber leider nicht sehen, denn sie besteht aus unzähligen fernen Galaxien, deren Licht so lange bis zu uns unterwegs war und darum schon so schwach geworden ist, dass wir es kaum mit den riesigen Teleskopen auf der Erde erspähen können. Die gigantische intergalaktische Megastruktur liegt zwischen dem Großen Wagen und dem Bärenhüter, leicht oberhalb des Endes der Deichsel des Großen Wagens – beziehungsweise dort, wo Sie den Fahrradanhänger festmachen würden. Und die Vorstellung passt, denn die Struktur ist tatsächlich ringförmig wie das Hinterrad des gigantischen Himmelsfahrrads, das den großen Anhänger zieht. Die Fläche, die der Riesenring am Himmel abdeckt, wäre etwa 15 Mal so groß wie der Vollmond. Das Licht des Riesenrings war unvorstellbare neun Milliarden Jahre bis zu uns unterwegs, woraus sich ein »Reifendurchmesser« von etwa 1,3 Milliarden Lichtjahren errechnen lässt. Das ist etwa zehntausendmal so groß wie unsere Milchstraße!

Gefunden hat die Riesenstruktur die Doktorandin Alexia Lopez von der britischen University of Central Lancashire[22]. Die Entdeckung ist noch ganz frisch und wurde Anfang 2024 auf einem der größten astronomischen Kongresse präsentiert: dem jährlichen Treffen der *American Astronomical Society*. Tausende Astronominnen und Astronomen besuchen jedes Jahr diese Konferenz. Sie ist einer der besten Orte für junge Forschende, sich nach einer Stelle umzusehen, Schauplatz des professionellsten Speed-Datings des astronomischen Forschungsbetriebs. Das Motto lautet: *be memorable*! Versuche dich durch außergewöhnliche Methoden oder Ergebnisse von der Konkurrenz abzuheben. Das ist Alexia Lopez mit Sicherheit gelungen. Ihre Präsentation »A Big Ring on the Sky« stieß auf riesiges Interesse der Medien, fast so groß wie der Galaxienring selbst, vielleicht auch weil sich der Titel ein wenig wie ein Horrorfilm für Kosmologen anhört. In der Kosmologie, die mit ihren Modellen die Entwicklung des Universums vorherzusagen sucht, sorgte die Entdeckung zwar nicht für Alpträume, aber zumindest für Kopfzerbrechen.

Warum stellt der Riesenring ein Problem für die Kosmologie dar? Die Grundlage unseres Verständnisses der Welt ist das sogenannte kosmologische Prinzip. Demzufolge sieht das Universum überall gleich aus, wenn man sich nur einen ausreichend großen Bereich anschaut. Ohne diese Annahme könnten wir mit unseren Beobachtungen des Universums wenig anfangen, denn es könnte ja woanders einfach alles ganz anders sein (das können wir zwar nicht ganz ausschließen, es würde aber wenig Sinn ergeben). Doch wie groß ist nun »ausreichend groß«? Offensichtlich ist das Universum auch auf ziemlich großen Skalen nicht überall gleich. Es gibt an manchen Orten ja etwas und an anderen nichts, zum Beispiel Planeten, Sterne und Galaxien und dazwischen jede Menge leeren Raum. Aber je weiter man herauszoomt, je größer der Ausschnitt des Universums ist, den ich betrachte, desto gleicher sollte das Universum werden. Die Frage ist nun: wie weit muss ich herauszoomen, wie groß muss der Ausschnitt des Universums sein, damit es anfängt, überall gleich auszuschauen? Oder andersherum gefragt: Wie groß sind die größten Strukturen, die ich noch ausmachen kann, bevor alles anfängt, gleichmäßig zu werden? Wie groß darf eine Struktur sein, ohne das Gebot der Gleichmäßigkeit zu verletzen? Die einzelnen Strukturen brauchen ja auch einige Zeit, um sich aus der Gleichmäßigkeit herauszukristallisieren. Sie müssen sich durch die Anziehungskraft der Materie, aus der sie bestehen, zusammenklumpen und nach und nach mehr und mehr Materie anziehen und das dauert eine Weile.

Die Kosmologie kommt derzeit auf eine Größe von etwas über eine Milliarde Lichtjahre. Der Big Ring ist mit seinen 1,3 Milliarden Lichtjahren Durchmesser also eigentlich zu groß für Strukturen, die sich »von selber«, also durch die Wirkung ihrer eigenen Gravitation, im Laufe der Entwicklung des Universums bilden können. Noch dazu weist er diesen Durchmesser vor etwa neun Milliarden Jahren auf (so lange braucht ja sein Licht zu uns), als das junge Universum erst etwa halb so groß war wie heute.

Aber was genau sind diese Riesenstrukturen, woraus bestehen sie? Die gigantischen Gebilde bestehen nicht aus einzelnen Galaxien, ja nicht einmal mehr aus einzelnen Galaxienhaufen. Es sind Galaxien-Superhaufen, also Haufen von Galaxienhaufen, beziehungsweise eigentlich Haufen von Superhaufen, also Haufen von Haufen von Galaxienhaufen, die insgesamt aus Hunderttausenden oder sogar Millionen von einzelnen Galaxien bestehen. Diese Superhaufen-Haufen sind nicht mehr annähernd rund, wie die einzelnen Galaxienhaufen, sondern sammeln sich in gigantischen, langgezogenen Strukturen an, den sogenannten Filamenten. Auch wir leben in einer dieser Superstrukturen: *Laniakea*, Hawaiianisch für »unermesslicher Himmel«. Laniakea wurde 2014 von einem Forschungsteam der Universität von Hawaii entdeckt[23], ist etwa 500 Millionen Lichtjahre groß und enthält an die 100 000 Galaxien wie unsere Milchstraße. Das Ganze ist folgendermaßen aufgebaut: Die Milchstraße, die Andromedagalaxie und ein paar Dutzend kleinere Sterneninseln bilden unsere lokale Galaxiengruppe, die *Lokale Gruppe* (guter Name, oder?). Die wiederum liegt am Rand des Virgo-Galaxienhaufens, der seinen Namen dem Sternbild Jungfrau (Virgo) zu verdanken hat. Der Virgohaufen bildet gemeinsam mit der Lokalen Gruppe und etwa 100 anderen Galaxiengruppen und kleineren Haufen den Virgo-Superhaufen. Und der wiederum ist einer von fünf Galaxien-Superhaufen, aus denen Laniakea, der unermessliche Himmel, besteht. Puh.

Wie definiert man solche Riesenstrukturen, beziehungsweise wo hört die eine auf und wo beginnt die nächste? Laniakea definiert sich durch die gemeinsame Bewegung ihrer einzelnen Bestandteile, also ihrer Galaxien, Galaxiengruppen und Galaxienhaufen. Das muss nicht unbedingt die gleiche Richtung sein, sondern ist eher ein gemeinsames Ziel, auf das die Strukturen quasi zufließen. Wie bei einer Wasserscheide, die das Einzugsgebiet zweier Flüsse voneinander trennt, fließen auch die Galaxien, die Galaxiengruppen und Galaxienhaufen in ein gemeinsames Flussbett. Statt der Neigung der Landschaft ist es hier die Verteilung der Masse und deren gemeinsame Gravitation, die die Flussrichtung und Geschwindigkeit der Galaxien bestimmen.

Laniakea ist unsere Megastruktur, aber natürlich nicht die einzige. Solche Strukturen in größerer Entfernung zu definieren ist allerdings schwierig. Eine der nächsten Megastrukturen, die halbwegs gut definiert ist, ist die *Sloan Great Wall*, die in den Daten des Sloan Digital Sky Survey 2003 von Gott gefunden wurde[24]. Ncin, nicht der Gott, sondern der Kosmologe Richard Gott. Die Sloan Great Wall ist etwa 1,4 Milliarden Lichtjahre lang, also beinahe dreimal so groß wie Laniakea. Es ist aber noch nicht ganz klar, ob es sich dabei auch wirklich um eine einzige, zusammenhängende Struktur handelt, oder ob es eine Überlagerung von mehreren separaten Strukturen ist. Und je weiter wir hinausschauen, desto schwieriger wird es. Jenseits der Sloan Great Wall, die auch mehr oder weniger das Ende dessen markiert, was wir unser lokales Universum nennen, wurden zwar auch schon einige Strukturen entdeckt, aber deren Existenz ist oft fragwürdig. Die größte potentielle Struktur, die wir kennen, trägt den schönen Namen *Hercules-Corona*

Borealis Great Wall. Sie ist irgendwo zwischen 6 und 10 Milliarden Lichtjahre lang. Das ist ein guter Teil des gesamten beobachtbaren Universums. Wie findet man solche Strukturen? Man kann ja nicht die Position und Geschwindigkeit von Millionen oder sogar Milliarden einzelner Galaxien quer durchs halbe Universum vermessen, oder? Nein, das können wir nicht, zumindest *noch* nicht. Diese Megastrukturen werden mit statistischen Methoden entdeckt. Diese Great Walls sind trotz ihres Namens ja keine massiven Wände aus Galaxien, sondern eher tentative Häufungen von Strukturen, die mit statistischen Tests gefunden werden. Je nachdem, welche Art von statistischem Test, welche Art von Zufalls-Simulation verwendet wird, kommt eine signifikante Häufung in der Verteilung der Strukturen heraus – oder auch nicht. Trauen Sie nie einer Statistik, die Sie nicht selbst gefälscht haben.

Könnte dann auch der *Big Ring on the Sky* ein Zufallsprodukt oder einfach ein statistischer Ausreißer sein? Der Mega-Ring ist nicht die erste Riesenstruktur, die Alexia Lopez in ihren Daten entdeckt hat. Vor zwei Jahren hat sie eine noch größere Megastruktur gefunden, den *Giant Arc*[25]. Der große Bogen ist über 3 Milliarden Lichtjahre lang und liegt noch dazu in der gleichen Gegend am Himmel: vom Riesenring aus nur ein Stückchen weiter Richtung Arcturus. Ring und Bogen befinden sich also direkt nebeneinander und in einer interessanten Konfiguration: Der Bogen scheint den Ring zu umgeben, wie die konzentrischen Kreise, die entstehen, wenn man einen Stein ins Wasser wirft. Als wenn das nicht schon genug des Zufalls wäre: Die beiden befinden sich nicht nur im gleichen Bereich am Himmel, sondern auch beinahe in der gleichen Entfernung. Es sind tatsächlich zwei benachbarte Megastrukturen, was eine zufällige Überlagerung oder einen statistischen Ausreißer schon sehr unwahrscheinlich macht.

Wobei der Zufall allerdings eine Rolle spielt, sind wissenschaftliche Entdeckungen allgemein. Auch Alexia Lopez hat den großen Bogen zufällig entdeckt, als sie ihre Methode an bekannten großen Strukturen testen wollte. Was für eine Methode ist das? Sie hat die Galaxien und Galaxienhaufen nicht direkt als kleine Fleckchen am Himmel beobachtet, wie wir es mit den großen Teleskopen wie dem Hubble oder dem James-Webb-Weltraumteleskop tun. Ihre Methode nutzt noch weiter entfernte Quasare, extrem helle Objekte im fernen Universum, um die Galaxien dazwischen zu durchleuchten. Die Quasare sind quasi die Hintergrundlampen, deren Licht wir beobachten, aber nur um zu schauen, wo das Licht in der Zwischenzeit überall durchgeflogen ist. Die Galaxien der Megastruktur liegen zwischcn uns und den Quasaren im Hintergrund und sind nicht hell genug, um direkt beobachtet zu werden. Die Struktur besteht also aus Galaxien, die wir eigentlich noch gar nicht richtig kennen. Wir wissen aber, dass sie da sind, weil das helle Licht der Quasare etwas an Helligkeit verliert, wenn es auf dem Weg zu uns eine Galaxie durchquert. Wenn wir das Licht in seine Einzelteile zerlegen, sehen wir, dass ein wenig Licht einer ganz bestimmten Wellenlänge fehlt: die Signatur der dazwischenliegenden Galaxie.

Die Methode ist ziemlich cool, hat aber auch ihre Nachteile. Damit können nur Galaxien gefunden werden, die genau zwischen uns und einem hellen Quasar liegen. Das heißt, die Struktur, die man damit finden kann, ist abhängig von der Verteilung der Quasare im Hintergrund. Idealerweise sollten die Hintergrundlampen gleichmäßig verteilt sein, sind sie aber vermutlich nicht. Quasare sind Galaxien mit aktiven Schwarzen Löchern in ihrem Zentrum, also ebenfalls in große Strukturen eingebettet. Zu einem gewissen Grad wird hier also auch die Hintergrundstruktur der Quasare abgebildet. Das Team um Alexia Lopez hat das auch berücksichtigt und jede Menge statistische Tests angestellt. Ihr Fazit: Durch Zufall wäre vielleicht eine Megastruktur alle 10 Milliarden Lichtjahre zu erwarten, aber sicher nicht zwei in beinahe gleicher Entfernung nebeneinander, wie es bei Ring und Bogen der Fall ist. Die Strukturen sind also tatsächlich außergewöhnlich.

Und was hat es mit der seltsamen kreisrunden Form auf sich? Hier hat der Zufall ein weiteres Mal zugeschlagen: Der Ring ist ein Projektionseffekt. Wenn man sich die Entfernungen der Galaxien genauer ansieht, also die Form der Struktur in 3D betrachtet, zieht sich der Ring spiralförmig auseinander, wie ein Korkenzieher oder eine Sprungfeder. Wir blicken zufällig von oben in den Korkenzieher hinein. Dadurch sieht die spiralförmige Struktur wie ein Ring aus. Doch ob Ring oder Korkenzieher: Es ist die schiere Größe der beiden benachbarten Megastrukturen im jungen Universum, die eine enorme Herausforderung für die Kosmologie darstellt.

Müssen wir unser kosmologisches Modell nun überdenken oder gar verwerfen? Überdenken ist nie eine schlechte Idee, aber auch in der Kosmologie wird nicht so heiß gegessen wie gekocht. Der große Bogen ist doppelt so groß wie die Sloan Great Wall, zu einer Zeit, als die Entstehung der großen Strukturen gerade erst begonnen hat und das Universum auch erst halb so groß war wie heute. Das ist schon eine gewisse Herausforderung für ΛCDM, das *Lambda Cold Dark Matter* Modell, unser bestes Modell der Entwicklung des Universums*. Das heißt aber nicht, dass wir gleich das ganze Modell über den Haufen werfen müssen, ganz im Gegenteil. Ein Modell ist dazu da, herausgefordert und in Frage gestellt zu werden, und nur wenn es der Challenge standhält, ist es ein gutes Modell. Und gerade ein so grundlegendes Modell, das die Form, Beschaffenheit und Entwicklung des gesamten Universums beschreibt, muss sich das gefallen lassen.

Aber was, wenn ΛCDM eben doch nicht ganz stimmt? Haben wir überhaupt eine Alternative? Es gibt ein kosmologisches Modell, zu dem vor allem gigantische, ringartige Strukturen in der großräumigen Verteilung der Materie gut passen würden: Die *Conformal Cyclic Cosmology* des Nobelpreisträgers Sir Roger Penrose. Falls ich jemals eine Band gründen oder eine Fahrradwerkstatt aufmachen sollte, nenne ich sie Conformal Cyclic Cosmology.

Roger Penrose erhielt 2020 den halben Physik-Nobelpreis für seine mathematische Beschreibung von Schwarzen Löchern in den 1960er Jahren. Dabei geht es um die Eigenschaften der gekrümmten Raum-Zeit unter den extremen Bedingungen, die rund um Schwarze Löcher herrschen. Der Durchbruch gelang ihm durch eine vereinfachte mathematische Darstellung des Raumes. Anstatt die gesamte

* Mehr dazu im Kapitel Oktober.

komplizierte Geometrie zu berücksichtigen, konzentrierte er sich nur auf die richtige Darstellung von Winkeln. Das ist die Bedeutung von »conformal«: winkeltreu. Wie bei einer Weltkarte. Vielleicht erinnern Sie sich noch an den Geographieunterricht: Um die Kugeloberfläche der Erde auf einem flachen Blatt Papier darzustellen, kann man verschiedene Projektionen wählen. Entweder die Flächen bleiben gleich (flächentreu) oder die Abstände (längentreu) oder eben die Winkel. In der Beschreibung der Raumzeit sind die Winkel ganz besonders wichtig, denn sie beschreiben die Beziehung zwischen Raum und Zeit – das, was vor- oder nacheinander passiert, das, was möglich ist, oder eben nicht. Bleiben die Winkel in der Beschreibung der Raumzeit gleich, dann bleibt auch die Kausalität erhalten, und alles ist gut. Penroses Genialität bestand also in der Reduktion auf das Wesentliche.

Eine Konsequenz der gleichbleibenden Winkel in der Darstellung der Raum-Zeit ist aber folgende: Die Abstände werden dadurch verzerrt. Wie bei einer Weltkarte werden durch die gleichbleibenden Winkel die Distanzen gedehnt oder gestaucht. In der Darstellung von Roger Penrose werden unendlich große Distanzen in Raum und Zeit so verkürzt, dass sie plötzlich in einem Diagramm darstellbar und berechenbar werden. Das Gleiche gilt für die unendlich kleinen Dinge, wie die Singularitäten der Schwarzen Löcher oder des Urknalls selbst. Aus riesengroß wird extrem klein und umgekehrt. Laut Penroses Theorie wird nach enormen Zeitskalen jenseits von 10^{100} Jahren die Ausdehnung von Raum und Zeit vollkommen bedeutungslos. Das unendlich große Universum bringt am Ende ein neues, unendlich kleines Universum hervor. Das ist die Zyklische Kosmologie: wie bei einer russischen Puppe enthält jedes Universum ein neues Universum, bis in alle Ewigkeit.

Einziger Nachteil: Normale Materie kann die Grenze zwischen altem und neuem Universum nicht überwinden. Nur Strahlung bewegt sich ungehindert von einem Universum ins nächste. Das heißt, alle Materie müsste zuerst in Strahlung zerfallen, bevor es zu einem neuen Universum kommen kann. Dafür gibt es zwei Mechanismen: das langsame Zerstrahlen von Schwarzen Löchern durch die Hawking-Strahlung oder den Zerfall von Protonen. Beide sind allerdings hypothetisch, da sie so langsam vor sich gehen, dass wir vermutlich noch ein paar Trillionen Jahre warten müssen, um sie zu beobachten oder experimentell zu bestätigen. Wir wissen also nicht, ob es diese Prozesse tatsächlich gibt.

Aber wie und wo kommen nun die gigantischen Ringe ins Spiel? Eine andere Art von »Strahlung« könnte sich auch von einem ins nächste Universum fortpflanzen: Gravitationswellen, die Vibrationen des Raumes selbst*. Die Kollisionen von supermassereichen Schwarzen Löchern am Ende eines Universums würden Gravitationswellen erzeugen, die wiederum ringförmige Wellen im nächsten Universum schlagen könnten. Diese ringförmigen Wellen würden sich im neuen, jungen Universum immer weiter ausdehnen und ringförmige Verdichtungen in der Verteilung der Materie verursachen: gigantische runde Megastrukturen, die sich quer durchs Universum ziehen, wie riesige konzentrische Kreise in den Fluten der Raumzeit. Wenn Penroses Theorie stimmt, sind die kreisförmigen Megastrukturen die

* Siehe Kapitel September.

letzten Überreste eines vorangegangenen Universums, der letzte Aufschrei der alten Materie, bevor sie im unendlichen Ozean aus Energie aufging und in einem neuerlichen Urknall das nächste, *unser* Universum gebar.

Juni

Gammastrahlung

Wie man das ärgste Licht im Universum sichtbar macht

06
GAMMA
NACH
HAUSE.

Es ist Juni und endlich ist auch offiziell der Sommer da, sowohl meteorologisch als auch astronomisch. Aus astronomischer Sicht beginnt der Sommer in dem Moment, an dem die Sonne ihren höchsten Punkt am Himmel erreicht, also wenn die Erdachse genau Richtung Sonne zeigt, was meistens um den 21. Juni herum der Fall ist. Die Meteorologie hingegen tut sich keinen Zwang an und setzt den Sommeranfang einfach auf den 1. Juni um Mitternacht. Im Juni scheint es überhaupt nicht mehr dunkel zu werden und man könnte meinen, es gibt wenig zu sehen in der kaum vorhandenen Nacht. Spulen wir doch gleich ein paar Monate vor – im August gibt es zumindest Sternschnuppen.

Aber halt! Es gibt etwas, das gerade jetzt besonders gut zu sehen ist. Es ist der Star der kurzen Sommernächte des Frühsommerhimmels: das blasse, wolkige Band, das sich wie ein monströser farbloser Regenbogen über den Nachthimmel zieht. Es ist unsere Milchstraße, unsere Galaxie, unsere Sternenstadt, unsere kosmische Heimat. Alle einzelnen, funkelnden Sterne am Himmel befinden sich in der Milchstraße und unsere Sonne ist nur einer von zweihundert Milliarden Sternen in der Galaxis.

Sollte Sie jemand in einer dieser kurzen Sommernächte mit dem Funfact, dass wir mit bloßem Auge etwa 3000 Sterne am Himmel sehen können, beeindrucken wollen, könnten Sie sich sympathisch machen und kontern: Sind es nicht eher Millionen oder sogar Milliarden? Denn ja, es sind definitiv Milliarden von Sternen, die das milchige Band am Himmel bilden. Wir können sie mit unseren Augen nicht als einzelne Sterne auflösen, aber ihr Licht sehen wir.

Aber warum ist die Milchstraße im Sommer besser zu sehen? Wir sind doch in der Milchstraße drin, das heißt, sie ist überall um uns herum und sollte deshalb immer irgendwie zu sehen sein, oder? Es ist wie so oft eine Frage des Blickwinkels: In den Sommermonaten blicken wir von unserer fliegenden Felskugel aus in Richtung Zentrum der Milchstraße. Dort sind die meisten Sterne und darum ist es in Richtung des galaktischen Zentrums auch viel heller, als wenn wir ein halbes Jahr später im Winter in die andere Richtung, nämlich Richtung Rand schauen. Die Milchstraße ist riesengroß und das Licht ihrer viele Tausende Lichtjahre von uns entfernten Sterne doch schon relativ schwach. Darum ist sie auch nur bei perfekt dunklem Himmel ein beeindruckender Anblick bzw. überhaupt am Himmel auszumachen. Das ist jetzt für uns Nordhalbkugelbewohner semi-ideal, denn in den kurzen Sommernächten wird es bei uns kaum richtig dunkel. Viel besser sehen wir die Milchstraße daher auf der Südhalbkugel. Erstens weil es da zu der Zeit Winter ist und die Nächte lang und dunkel sind, aber auch weil wir von der südlichen Hälfte der Erde genau Richtung galaktisches Zentrum blicken. Bei uns ist es nicht nur kaum dunkel genug, sondern das helle Milchstraßenzentrum liegt auch leider nur knapp über dem Horizont. Warum ist das so? Es liegt an unserer Position relativ zur Sternenscheibe der Milchstraße. Das Sonnensystem liegt nicht flach in der Scheibe, sondern steht in einem hohen Winkel auf die Ebene der Milchstraße. Wenn Sie jetzt mit schief gehaltenem Kopf dasitzen, weil Ihnen das Nachvollziehen unserer galaktischen Orientierung Schwierigkeiten bereitet, kann ich nur sagen: geben Sie sich etwas mehr Mühe. Sogar Mistkäfer schaffen es, sich an der Milchstraße zu orientieren!

So lautet zumindest das Ergebnis der Forschungsarbeit eines Schwedisch-Südafrikanischen Teams aus dem Jahr 2013[26]. Der afrikanische Mistkäfer *Scarabaeus Satyrus* schafft es nämlich, auch in mondlosen Nächten seine Mistkugel in einer geraden Linie wegzurollen. Warum ist das für die Tiere wichtig? Käfer vermeiden Konfrontationen. Sie wollen ihre Dungkugel so schnell und direkt wie möglich von der unerbittlichen Konkurrenz am Scheißhaufen wegrollen, um in aller Ruhe ihre Take-away-Mahlzeit genießen zu können. Doch wie schaffen sie das in der stockfinsteren Nacht, ohne Mond? Orientieren sie sich etwa an den Sternen? Und wie und wo könnte man überprüfen, ob es die Sterne sind oder andere Lichter? Natürlich in einem Planetarium! Die Käfer wurden also ins Johannesburger Planetarium gebracht, um in einer eigens angefertigten Arena in einer realistischen Konkurrenzsituation ihrem Geschäft nachzugehen. Die »Battle of the Beatles« wurde unter verschiedenen Lichtverhältnissen wiederholt: einmal mit Sternen, einmal ohne, einmal nur im Licht der Milchstraße (im Planetarium kein Problem!), und einmal auch mit extra für die Käfer entwickelten kleinen Augenklappen, denn vielleicht hat ihre Orientierung auch gar nichts mit ihrem Sehsinn zu tun. Ergebnis: die Käfer orientieren sich tatsächlich am hellen Band der Milchstraße. Vor allem in südlicheren Breiten ist sie so markant, dass sie anscheinend sogar durch Facettenaugen noch eindeutig als Richtungsreferenz genutzt werden kann.

Wie die Milchstraße für Mistkäfer wohl aussieht? Viele Insektenarten sehen ja für uns unsichtbares Licht, zum Beispiel UV-Licht oder Infrarot. Mit ihren Facettenaugen haben sie es aber schwer, einzelne Lichtpunkte zu identifizieren und sehen die Welt wohl eher wie durch ein Kaleidoskop. Mit unseren Augen haben wir zwar einen schärferen Blick, aber das für uns unsichtbare Licht der Milchstraße ist natürlich schon wesentlich spektakulärer. Im Infrarotlicht zum Beispiel würde der für uns dunkle und kaum sichtbare Staub in den Spiralarmen hell aufleuchten. Im UV-Licht sehen wir das Licht der jungen, massereichen Riesensterne, die gerade erst entstanden sind. Könnten wir Radiowellen sehen, würden wir die gigantischen, fasrigen Wasserstoffgaswolken am Himmel sehen, aus denen die Sterne der Zukunft entstehen werden. Mit welcher elektromagnetischen Spezialbrille hätten wir den spektakulärsten Blick auf die Milchstraße? Es müsste eine Brille sein, die uns das ärgste Licht im Universum zeigen kann: die Gammastrahlung.

Gammastrahlung ist das hochenergetische Ende des unsichtbaren Regenbogens. Es ist die energiereichste Art von elektromagnetischer Strahlung, also eine Art Licht, aber mit extrem kurzer Wellenlänge. Oder anders gesagt: Photonen, Lichtteilchen, die extrem hohe Energie mit sich tragen. Die Milchstraße mit Gamma-Augen gesehen wäre nichts, wonach man extra suchen müsste, oder wo man sich nicht sicher wäre, ob sie das denn auch tatsächlich ist. Die Milchstraße in Gammastrahlen wäre nicht zu übersehen: ein durchdringend helles, schmales Band, da wo auch die sichtbare Milchstraße am Himmel zu sehen ist. Zusätzlich wäre der ganze Himmel noch übersät von einzelnen, superhellen Punkten und etwas größeren Klecksen. Das wären Sternleichen und ihre Überreste. Aber vor allem wären links und rechts von dem schmalen, hellen Band zwei gigantische Blasen zu sehen, die sich quer über den Himmel erstrecken. Aus dem Zentrum der Milchstraße kommend dehnen sie sich luftballonförmig einmal nach oben und einmal nach unten hin aus. Wenn Sie wie ich ein Kind der 80er-Jahre sind, kennen Sie bestimmt den Moonhopper: eine runde Plastikscheibe, meist rosa, mit einem Loch in der Mitte, durch das ein aufgepumpter Ball (blau) durchgequetscht wurde, sodass er genau in der Mitte der Scheibe steckt. Damit konnte man mit etwas Geschick auf der Scheibe balancierend zur Freude der unter einem wohnenden Nachbarn durch die Wohnung hüpfen. Die Gammastrahlen-Milchstraße sieht aus wie ein gigantischer, galaktischer Moonhopper von der Seite her. Die Blasen sind wahrhafte Riesenstrukturen. Jede der beiden ragt etwa 25 000 Lichtjahre über (bzw. unter) der Scheibe der Milchstraße empor. Das ist etwa die halbe Ausdehnung der Sternenscheibe und würde locker den ganzen Himmel ausfüllen. Es sind die sogenannten Fermi-Blasen, benannt nach dem Fermi-Gammastrahlen-Weltraumteleskop der NASA, mit dem die Strukturen 2010 entdeckt wurden. Das Fermi-Weltraumteleskop wurde 2008 mit einer erwarteten Lebensdauer von fünf Jahren gestartet und ist 2024, also 16 Jahre später, immer noch erfolgreich in der Erdumlaufbahn in Betrieb.

Gammastrahlung ist auf direktem Weg nur aus dem Weltraum zu beobachten. Glücklicherweise, denn sonst gäbe es uns nicht. Die Atmosphäre der Erde macht es uns nicht nur möglich, zu atmen und nachts nicht zu erfrieren, sondern schirmt auch hochenergetische Strahlung verschiedenster Art wirkungsvoll ab. Das haben wir größtenteils der Ozonschicht zu verdanken, die ja auch einen Großteil des UV-Lichts der Sonne absorbiert. Die Gammastrahlung aus dem Weltraum trifft auf die Moleküle in der Atmosphäre, die die leckeren hochenergetischen Happen hungrig absorbieren und dann in anderen, weniger schädlichen Wellenlängen wieder abgeben. Ohne Atmosphäre würde die Gammastrahlung in unsere Körper eindringen, dort absorbiert werden und dabei kleine Stücke unserer DNA rausschlagen. Ein Effekt, der wahrscheinlich selten zu Superkräften, sondern eher zu Zelltod oder Krebs führt.

Wie genau kann man Gammastrahlen direkt beobachten? Eigentlich gar nicht, denn es gibt keine Linse und keinen Spiegel, der dieses Licht bündeln kann. Es dringt einfach in die Oberfläche ein und wird absorbiert. Ein Gammadetektor macht sich aber genau das zunutze: Es gibt Materialien, die sichtbare Lichtblitze abgeben, wenn sie die Gammastrahlung absorbieren. Und dieses Licht kann man natürlich messen.

Dabei werden tatsächlich einzelne Photonen detektiert, Freak-Photonen mit unwahrscheinlich hoher Energie. Ein Bild bekommt man damit aber nicht, denn die Richtung, aus der die Gamma-Photonen kommen, kann nur ziemlich grob bestimmt werden. Der Gammadetektor misst mehr oder weniger unabsichtlich alles, was aus allen Richtungen kommt, auf einmal. Nur durch andere, zusätzliche Detektoren kann dann bestimmt werden, ob ein gemessenes Photon auch wirklich dazugehört oder ob es nur zufällig dazugeflogen ist. Diese zusätzlichen Detektoren tragen den schönen

Namen *Anti-Koinzidenzdetektoren.* Das wäre mal was Praktisches für unser eigenes Gehirn: ein Detektor, der uns vor falschen Schlüssen bewahrt. Nur weil zwei Dinge zur gleichen Zeit passieren, heißt das noch lange nicht, dass sie irgendwas miteinander zu tun haben. Unser Gehirn hat ja genau das Gegenteil: nämlich Koinzidenzdetektoren. Die sind zugegebenermaßen aber auch sehr sinnvoll, damit unsere Wahrnehmungen Sinn ergeben und wir die Welt verstehen können, egal mit wie vielen Biases wir uns dabei rumschlagen müssen*.

Gibt es also wirklich keine Möglichkeit, die Gammastrahlung von der Erdoberfläche aus zu beobachten? Nicht direkt, aber es geht sehr wohl über einen kleinen Umweg: Wir können sehen, was die Gammastrahlung mit der Atmosphäre macht. Die Gammaphotonen aus dem Weltraum krachen ja auf ihrem Weg nach unten in die Moleküle der Atmosphäre. Dabei erzeugen sie durch ihre enorme Energie auch andere Teilchen, die schneller sind als die Lichtgeschwindigkeit in der Luft. Nicht schneller als Licht im Vakuum, das geht nicht, denn dafür braucht es unendlich viel Energie, aber eben ein wenig schneller als die Lichtgeschwindigkeit *in der Luft*. Und wenn sich Teilchen schneller als Lichtgeschwindigkeit in einem Medium bewegen, erzeugen sie eine Art Überschallknall aus Licht: ein kurzer Lichtblitz in Form eines kleinen Lichtkegels. Das ist die sogenannte Tscherenkow-Strahlung, ein ganz charakteristisches bläuliches Licht. So ein Lichtblitz dauert ein paar Nanosekun-

* Testen Sie Ihre unbewusste Voreingenommenheit zu den verschiedensten Themen im Harvard Implicit Association Test: https://implicit.harvard.edu/implicit/takeatest.html

den und passiert etwa 10–20 km hoch in der Atmosphäre, aber immerhin ist es Licht, das man mit einem empfindlichen Teleskop beobachten kann.

So ein Teleskop ist das *Major Atmospheric Gamma-Ray Imaging Cherenkov Telescope*, oder kurz: das *MAGIC*-Teleskop. Was es macht, ist mehr als Magie: es ist Wissenschaft vom Feinsten. *MAGIC* ist nicht nur ein Teleskop, sondern zwei identische Teleskope, die stereoskopisch funktionieren, also wie unsere Augen. Die beiden Riesenteleskope scannen gleichzeitig den Himmel nach Tscherenkow-Lichtblitzen ab. Mit ihren Super-Highspeed-Kameras können sie nicht nur die Position des Lichtblitzes am Himmel bestimmen. Sie können durch den Abstand zwischen den Teleskopen auch die 3D-Richtung des Lichtkegels sehen, so wie wir mit unseren Augen Tiefe wahrnehmen können. Mit jeweils 17 Metern Durchmesser sind es die größten optischen Teleskope der Welt. Und trotzdem werden wir nie ein Bild sehen, das MAGIC gemacht hat. Die Kameras machen nämlich keine Bilder, sondern sammeln Photonen. Es geht nur darum, so viel Licht wie möglich in so kurzer Zeit wie möglich einzusammeln. Das »Bild« wird durch komplexe Algorithmen errechnet, die durch die extrem genaue zeitliche Auflösung den Ursprung und die Richtung rekonstruieren können, aus der das Gamma-Photon kam.

Nicht weniger magisch ist auch der Ort, an dem die beiden *MAGIC*-Teleskope stehen: die kanarische Insel La Palma. Die Vulkaninsel ist immer noch aktiv und extrem jung: Sie hat erst vor 1,5 bis 2 Millionen Jahren den Meeresspiegel durchbrochen. Sie besteht eigentlich aus einem einzigen gigantischen Krater, der mehrmals kollabiert ist und dabei die

Caldera de Taburiente geformt hat: ein runder Kessel mit etwa 1000 Meter hohen, beinahe vertikal ansteigenden Seitenwänden. Die Teleskope stehen knapp unter dem Kraterrand auf der trockenen Inselseite. Von dort aus kann man regelmäßig den Wolkenwasserfall beobachten, der von der feuchten Seite her aufsteigt und langsam über den gegenüberliegenden Kraterrand schwappt. Wir leben wirklich am Grunde eines Ozeans aus Luft, der uns glücklicherweise vor all der hochenergetischen Strahlung schützt.

Doch woher kommt das hochenergetische Gamma-Licht überhaupt und wie werden die Freak-Photonen erzeugt? Ein guter Teil kommt wie alles Licht auf der Erde jeglicher unsichtbaren Farbe von unserer Sonne. Gammastrahlung wird von kernphysikalischen Prozessen, also Dingen, die in und mit Atomkernen passieren, erzeugt und davon passieren in unserer Sonne jede Menge. Doch sind es hauptsächlich gerade nicht die leuchtenden Sterne, die Gammastrahlen erzeugen, sondern meistens eher unsichtbare und oft mysteriöse Objekte. Wir wissen, dass Dinge entsprechend ihrer Temperatur strahlen: Je heißer, desto kürzer die Wellenlänge des Lichts. Sind Gammastrahler also extrem heiße Objekte? Nein, denn die Energie des Gamma-Lichts ist zu hoch, um thermisch, also direkt durch die schnelle Bewegung von Teilchen erzeugt zu werden. Gammastrahlung ist nicht-thermische Strahlung, und damit doch irgendwie anders als normales Licht. Darum gibt es auch viele verschiedene Möglichkeiten, wie Gammastrahlung erzeugt werden kann. Eine Möglichkeit ist, wie gesagt, durch Prozesse im Atomkern: Kernfusion, also die Verschmelzung von Atomkernen, wie sie in Sternen passiert, oder auch Radioaktivität, also der Zerfall von Atomkernen. Die gibt es im Weltraum natürlich auch, zum Beispiel in Supernova-Explosionen, in denen hoch radioaktive Elemente erzeugt werden. Es ist fast so, als würden die Supernova-Explosionen der Milchstraße ein Kontrastmittel verabreichen, sodass wir mit unseren Gamma-Teleskopen ihre Innereien durchleuchten können.

Der Ursprung der Fermi-Bubbles ist aber noch unklar. Sie sind im Vergleich zum Alter der Milchstraße von mindestens 12 Milliarden Jahren relativ jung, nämlich erst vor einigen Millionen Jahren entstanden (und damit nur ein wenig älter als La Palma). Ihren räumlichen Ursprung haben sie anscheinend im Zentrum unserer Galaxis. Die naheliegende Vermutung ist also: Könnte das supermassereiche Schwarze Loch im Zentrum der Milchstraße etwas damit zu tun haben? In anderen Galaxien haben wir diese Blasen auch beobachtet, aber meistens in Verbindung mit einem aktiven Galaxienkern und monströsen Jets, die das Material aus dem Zentrum der Galaxie hinausfeuern. Unser Schwarzes Loch hat ein ruhigeres Naturell: keine Aktivität, keine Jets. Aber vielleicht war das ja nicht immer so. Vielleicht hatte unser Schwarzes Loch vor einiger Zeit eine aktivere Phase. Möglicherweise hat es eine größere Menge Gas oder einen ganzen Sternhaufen verschluckt. Die Fermiblasen wären dann eine Folge von Verdauungsschwierigkeiten oder Sodbrennen nach dem Festmahl.

Alternativ könnte es aber auch ein plötzlicher und intensiver Ausbruch von Sternentstehung im Zentrum der Milchstraße gewesen sein. Die größten dieser Sterne wären dann nach nur wenigen Millionen Jahren in einem fantastischen Feuerwerk an aufeinanderfolgenden Supernova-Explosionen hochgegangen. Die gesammelte Energie all dieser Explosionen und Sternwinde könnte ebenso die Blasen erzeugt haben. Irgendwas Großes ist auf jeden Fall vor ein paar Millionen Jahren im Zentrum der Milchstraße passiert, wir wissen nur noch nicht genau was. Eine galaktische True-Crime-Episode.

Eine andere Möglichkeit, hochenergetische Gammastrahlen zu erzeugen, ist mit Hilfe von extrem schnellen Elektronen. Kurz gesagt: Elektronen, die sich aufführen. Wenn Elektronen sich mit annähernd Lichtgeschwindigkeit bewegen, erzeugt beinahe alles, was sie tun Gammastrahlung. Wenn sie auf Magnetfelder treffen, wenn sie mit Atomkernen kollidieren, oder sogar mit Licht: das Ergebnis ist ein Feuerwerk an Gammastrahlung. Doch welche Phänomene können Elektronen überhaupt auf solche extremen Geschwindigkeiten bringen? Es hat meistens etwas mit gigantischen Magnetfeldern zu tun. Man nennt diese Phänomene zu Recht auch »kosmische Teilchenbeschleuniger«: so wie das CERN, aber auf einer galaktischen Skala. Es sind die ärgsten Himmelsphänomene, die die ärgste Strahlung des Universums verursachen. Etwa wenn Sternleichen zusammenstoßen, wie zum Beispiel bei Neutronenstern-Kollisionen oder in den meisten Fällen: supermassereiche Schwarze Löcher in aktiven Galaxienkernen.

Aktiver Galaxienkern bedeutet: Es werden gerade große Mengen an Material vom zentralen Schwarzen Loch verschluckt. Dieses Material geht aber nicht, ohne einen letzten »Aufschrei an unsichtbarem Licht« von sich zu geben. Die extreme Anziehungskraft des Schwarzen Lochs beschleunigt das Material auch extrem stark und sorgt dafür, dass es durch die Reibung so heiß wird, dass die Atome auseinandergerissen werden. Was übrig bleibt, sind herumwirbelnde Protonen und Elektronen, die ein extrem starkes Magnetfeld erzeugen, das wiederum die geladenen Teilchen beschleunigt und mit enormen Geschwindigkeiten vom Schwarzen Loch wegkatapultiert. Die leichten Elektronen können so beinahe bis auf Lichtgeschwindigkeit beschleunigt werden – fertig ist der galaktische Teilchenbeschleuniger.

Die Gammastrahlen werden also in der unmittelbaren Umgebung von Schwarzen Löchern in den Zentren von Galaxien erzeugt, die Millionen oder sogar Milliarden von Lichtjahren von uns entfernt sind. Sie reisen durchs halbe Universum und treffen dann auf die Atmosphäre einer kleinen Felskugel, wo ihnen zum ersten Mal plötzlich Widerstand entgegengesetzt wird. In winzigen Sekundenbruchteilen verpuffen sie in einem bläulichen Lichtblitz, den wir mit unseren Spezialteleskopen sehen können. Und wir wissen sogar, was es war!

Gammastrahlung kann aber auch ganz ohne galaktische Beschleuniger erzeugt werden, zum Beispiel von Antimaterie. Das klingt jetzt vielleicht nach Science Fiction, ist aber völlig real. Antimaterie existiert im Weltraum und auf der Erde. Sie wurde schon in den 50er Jahren in Teilchenbeschleunigern nachgewiesen und wird mittlerweile routinemäßig für Experimente erzeugt. Auch viele alltägliche Substanzen erzeugen Antimaterie, Bananen zum Beispiel. Eine durchschnittliche Banane erzeugt etwa 1 Positron* pro Stunde. Das liegt an ihrem hohen Kaliumgehalt bzw.

* Ein Positron ist das Antimaterie-Gegenstück des Elektrons.

an einem in der Banane natürlich vorkommenden radioaktiven Kaliumisotop. Ja, Bananen sind radioaktiv. Sorgen brauchen Sie sich deswegen aber keine zu machen, denn die meisten lebendigen Dinge sind geringfügig radioaktiv. Bedenklich sind die Bananen in ihrem Obstkorb also nicht – zumindest, was ihre Antimaterie-Produktion angeht. Eher würde ich mir da über die Spritzmittel und die Arbeitsbedingungen der Erntehelfer:innen oder die Ökobilanz des Transports Sorgen machen.

Aber Bananen hin oder her – was hat die Antimaterie nun mit Gammastrahlung zu tun? Wenn ein Teilchen, zum Beispiel ein Elektron, sein Antiteilchen, das Positron, trifft, dann lösen sich die beiden in Energie auf. Das nennt man Annihilation. Es ist eine einfache Anwendung von Einsteins berühmtem $E = mc^2$: Die Masse der beiden Teilchen wird direkt in Energie umgewandelt, und zwar in Photonen mit einer ganz bestimmten Wellenlänge. Bei einem Elektron und einem Positron sind das Photonen mit einer Energie von 511 keV – das ist etwa 500 000 Mal mehr Energie als im sichtbaren Licht steckt und liegt im Bereich der Gammastrahlung.

Das heißt also überall, wo wir Gammastrahlung mit genau dieser Energie sehen, gibt es auch Antimaterie. Und wenn diese Strahlung über längere Zeiträume anhält, muss die Antimaterie kontinuierlich neu gebildet werden. So wurde auch vor einigen Jahren ein Überschuss an Antimaterie im Zentrum unserer Milchstraße aufgespürt. Im Zentrum der Galaxis wird also durch irgendeinen Prozess andauernd Antimaterie erzeugt. Und wir wissen noch nicht genau, wie das geschieht: True-Crime-Episode Nummer 2.

Waren es wieder die radioaktiven Elemente, die in Supernova-Explosionen erzeugt werden? Waren es Röntgen-Doppelsterne oder Pulsare? Oder ist es etwa gar die mysteriöse Dunkle Materie, die bei ihrem Zerfall auch Positronen erzeugen könnte? Soweit wir wissen, interagiert die Dunkle Materie nicht mit normaler Materie, zu der auch die Antimaterie gehört. Aber: Die Dunkle Materie könnte möglicherweise *mit sich selbst* interagieren. Sie könnte ihre eigene Antimaterie sein und jedes Mal, wenn sich zwei Dunkle Materie-Teilchen zu nahe kommen – puff! –, entstünden Energie und möglicherweise: normale Antimaterie. Zugegeben, das sind jetzt doch sehr viele Möglichkeitsformen auf einmal. Wir wissen einfach nicht, woraus die Dunkle Materie besteht, ja manche würden meinen, wir wissen nicht mal, ob sie überhaupt existiert. Doch die Möglichkeit besteht. Vielleicht könnten wir mit Hilfe der Gammastrahlung Dunkle Materie »sichtbar« machen. Um den Verdacht zu erhärten, wäre aber eine eindeutige Detektion von Gammastrahlen *ohne* ein »sichtbares« Gegenstück in allen anderen Wellenlängen, die von normaler Materie ausgestrahlt werden, nötig.

Bisher haben wir noch keine wirklich überzeugenden Kandidaten dafür, aber ja, das Gamma-Universum ist generell voll von ungeklärten Phänomenen, ohne eindeutigen Ursprung. Allen voran die kurzen und extrem hellen Ausbrüche von Gammastrahlung: die sogenannten Gamma-Ray-Bursts oder Gammablitze. Gefunden wurden die Gammablitze wie so viele große Entdeckungen eher nebenbei. Sie wurden in den späten 1960ern mit den Vela-Satelliten beobachtet. Das waren keine wissenschaftlichen Observatorien, sondern Militärsatelliten der USA, die geheime und verbotene Atombombenversuche überwachen sollten. 1963 einigten sich die USA, Russland und Großbritannien auf ein Verbot von Atomwaffentests. Frei nach dem Motto »Vertrauen ist gut, Kontrolle ist besser«, sollten die Überwachungssatelliten die Einhaltung des Vertrags vom Weltraum aus überprüfen. Und siehe da: tatsächlich detektierten sie kurze, heftige Ausbrüche an Gammastrahlung, wie sie auf den ersten Blick von geheimen Atombombentests zu erwarten wären. Viele Anschuldigungen, diplomatische Spannungen und erst fünf Jahre später sollte sich bestätigen: Die Gammablitze stammen nicht von der Erde, sondern aus den Tiefen des Weltraums.

Aber woher genau? Kommen sie aus unserer Moonhopper-Milchstraße? Nein, denn die Gammablitze sind ziemlich gleichmäßig über den Himmel verteilt, nicht wie die Milchstraße, die ja hauptsächlich eine schmale Scheibe ist. Sind sie also noch weiter entfernt? Das schien aufgrund ihrer extremen Helligkeit zunächst sehr unplausibel. Doch durch die gleichzeitige Beobachtung der Gammablitze mit Röntgen-Teleskopen konnte Ende der 1990er bestätigt werden: Sie kommen tatsächlich aus fernen Galaxien und sind teilweise Milliarden von Lichtjahren von uns entfernt.

Da sie so extrem weit weg sind, müssen sie auch unglaublich hell sein. Ein typischer Gammablitz setzt in zehn Sekunden mehr Energie frei als unsere Sonne während ihrer gesamten Lebensdauer. Wie machen die fernen Galaxien das? Es können nicht mal die ganzen Galaxien sein, sondern nur ganz bestimmte, vergleichsweise winzige Regionen innerhalb dieser Galaxien. Es entsteht bei diesen Blitzen extrem viel Energie, aber auch nur innerhalb extrem kurzer Zeit: sie dauern einige Minuten oder nur Sekunden. Das heißt, die ganze Energie muss aus einem extrem kleinen Raum kommen, etwa von der Größe eines Sterns oder noch kleiner.

Bei den längeren Bursts wissen wir inzwischen, dass es sich meistens um Supernova-Explosionen handelt. Zum Beispiel der berühmte Weihnachts-Burst vom 25. Dezember 2010 (offiziell: GRB 101225 A), der mit 28 Minuten einer der längeren seiner Art war. Das Ereignis, das dieses Weihnachtsgeschenk für die Gamma-Astronomie vermutlich ausgelöst hat, trägt den coolen Namen *Common Envelope Jet Supernova.* Dabei ist vermutlich ein enges Doppelstern-Paar aus einem Neutronenstern und einem Roten Riesen miteinander verschmolzen. Kurz vor der Kollision bildeten sich gigantische Jets, die dann mit den bei der folgenden Explosion ausgeworfenen Stern-Innereien interagieren und einen langen, intensiven Gammastrahlenausbruch verursachen.

Bei den kurzen Gammablitzen, die nur wenige Sekunden oder sogar nur Sekundenbruchteile dauern, haben wir bisher nur für manche eine konkrete Erklärung gefunden. Wie etwa im Fall von GRB 170817 A aus dem Jahr 2017, als beinahe zeitgleich mit einem kurzen Gammablitz ein Gravitationswellensignal vom LIGO Detektor* gemessen wurde. Die Gravitationswellen passen perfekt auf die Kollision zweier Neutronensterne in einer 100 Millionen Lichtjahre entfernten Galaxie. Damit ist er auch der uns am nächsten (!) gelegene Gammablitz, den wir je beobachtet haben.

All diese Gammablitze sind also bisher nur in fernen Galaxien beobachtet worden. Was aber, wenn so etwas in der

---

* Siehe Kapitel September.

Milchstraße passiert, also in unserer galaktischen Nachbarschaft – und der Jet noch dazu genau auf die Erde gerichtet ist? Tatsächlich könnte so ein Szenario ein Problem für uns darstellen und möglicherweise sogar ein Massenaussterben verursachen. Aber nicht etwa, weil wir durch die intensiven Gammastrahlen direkt gebrutzelt werden. So leicht lässt sich unsere Atmosphäre nicht durchdringen. Die Bestrahlung würde zur Entstehung von schädlichen Stickoxiden in der Atmosphäre, sowie zur Zerstörung der Ozonschicht führen, wodurch wiederum uns die UV-Strahlung der Sonne brutzeln würde. Genau das könnte auch schon einmal auf der Erde passiert sein. Vor ca. 400 Millionen Jahren gab es so ein Massenaussterben, bei dem vor allem die Lebewesen in der obersten Meeresschicht ausstarben. Das würde zu dem Gammablitz-Szenario passen. Dafür müsste der Blitz aber näher als 3000 Lichtjahre an uns dran gewesen sein, was in etwa der Entfernung der am weitesten entfernten und noch mit freiem Auge sichtbaren Sterne am Himmel entspricht. Zum Beispiel Deneb, der helle Stern im Schwan, der gerade im Juni wunderbar am Himmel zu sehen ist. Der ist knapp 3000 Lichtjahre von uns entfernt. Wenn also neben Deneb gerade zwei Neutronensterne auf spektakuläre Weise miteinander kollidieren, dann würde es für uns eng werden, vor allem in der Sommersonne – aber glücklicherweise ja auch erst in etwa 3000 Jahren.

Juli

Das Innere der Sterne

»But what about magnetic fields?«

07
PLEASE DON'T ASK ME

Es wird Zeit, über den sprichwörtlichen Elefanten im Raum – beziehungsweise am Himmel – zu sprechen. Nein, der große Elefant am Himmel ist kein Sternbild, sondern es geht um das hellste Himmelsobjekt überhaupt. Der Elefant ist die leuchtende Plasmakugel am Firmament, unsere Sonne.

Gerade im Juli sieht man ja außer dem Plasmaball kaum etwas anderes am Himmel. Die Chancen stehen auch gut, dass es wieder einer der heißesten Monate seit Beginn der Messgeschichte wird. Dass das jetzt aber nicht in erster Linie die Schuld der Sonne, sondern natürlich unsere eigene Schuld ist, hat sich mittlerweile herumgesprochen. Aber was ist mit der Rolle der Sonnenaktivität? Gibt es da nicht doch einen Zusammenhang zwischen den Strahlungsausbrüchen der Sonne und unserem Klima? Nicht umsonst nennt man die Sonnenstürme ja auch Weltraumwetter. Welche Auswirkungen hat eine aktivere Sonne auf uns?

Ein Vorteil ist zum Beispiel, dass man nicht ans Nordkap oder nach Island reisen muss, um schöne Polarlichter zu sehen, sondern auch im Allgäu oder in Kärnten bleiben kann, wenn man das möchte. Mehr Aktivität bedeutet mehr Ausbrüche auf der Sonnenoberfläche. Diese Ausbrüche sind gigantische Explosionen, bei denen geladene Teilchen, hauptsächlich Protonen und Elektronen aus dem Inneren der Sonne, auf enorme Geschwindigkeiten beschleunigt werden. Diese sogenannte kosmische Strahlung ist ganz anders als die »normale« Strahlung der Sonne. Es ist eben kein Licht, sondern es handelt sich dabei tatsächlich um Materie-Teilchen. Es ist das Material der Sonne, das aus der Plasmakugel herausgeschleudert wird und dann mit über 500 Kilometern pro Sekunde (!) durch den Weltraum und so auch auf uns zurast. Das ist der sogenannte Sonnenwind. Dieses Material trifft dann etwa zwei Tage später auf unsere Erde, oder glücklicherweise nicht ganz, denn die Erde hat ein starkes Magnetfeld, das vom rotierenden flüssigen Eisenkern in ihrem Inneren erzeugt wird. Dieses Magnetfeld schirmt uns effektiv von dem rabiaten Sonnenwind ab, denn die geladenen Teilchen können das Magnetfeld nicht ungehindert durchqueren. Sie werden abgelenkt und müssen den Magnetfeldlinien folgen, die den Großteil der Strahlung um die Erde herumlenken und weiter hinaus in die Tiefen des Weltraums befördern. Dabei gerät das Erdmagnetfeld ins Wobbeln und erzeugt Ströme von Elektronen. In der Gegend des Nord- und Südpols der Erde können diese Ströme in die Atmosphäre eindringen, weil sich da die Magnetfeldlinien Richtung Oberfläche krümmen und die Elektronen Richtung Erdoberfläche befördern. Treffen diese Elektronen dann auf den Sauerstoff und Stickstoff in der Erdatmosphäre, bringen sie die Moleküle zum Leuchten. Wenn Sie also das nächste Mal Polarlichter sehen, denken Sie an die gewaltigen Mengen an sich dahinwälzendem, flüssigem Eisen unter ihren Füßen, das Sie davor bewahrt, von den Innereien der Sonne durchgeröstet zu werden.

Die Chancen, auch in Mitteleuropa Polarlichter zu sehen, stehen im Moment sehr gut, denn wir sind gerade auf dem

Weg Richtung Sonnenmaximum, das im Lauf des Jahres 2024 erwartet wird, also vielleicht sogar schon stattgefunden hat, aber spätestens 2025 kommt. Warum diese Ungenauigkeit? Die Sonne hat einen regelmäßigen Zyklus mit abwechselnd mehr und weniger Aktivität, ein Muster, das sich alle elf Jahre wiederholt. Bei genauerer Betrachtung stellt sich aber heraus: besonders regelmäßig ist dieser Aktivitätszyklus nicht. In den letzten 300 Jahren schwankte die Periode zwischen den aufeinanderfolgenden Maxima zwischen 9 und 14 Jahren. Man weiß also nie genau, wann das nächste Maximum sein wird. Wir wissen zwar, dass wir darauf zusteuern, doch wann die meisten Ausbrüche auf der Sonne stattfinden, weiß man immer erst, wenn die Aktivität wieder abnimmt. Nachher ist man immer schlauer.

Aber was bedeutet diese Sonnenaktivität genau und wie können wir sie über Jahrhunderte zurückverfolgen? Es geht um die Sonnenflecken: Stellen auf der Sonnenoberfläche, an denen es etwas weniger heiß ist und die deshalb etwas weniger hell leuchten. Diese Sonnenflecken kennen wir seit Jahrtausenden, denn sie sind manchmal sogar mit freiem Auge zu erkennen, bei Sonnenaufgang und Sonnenuntergang zum Beispiel. Nach der Erfindung des Teleskops im 17. Jahrhundert wurden die Sonnenflecken beobachtet und gezählt, und seit Mitte des 18. Jahrhunderts gibt es systematische Aufzeichnungen darüber. Es stellte sich heraus: die Anzahl der Sonnenflecken schwankt mit der Anzahl an Sonneneruptionen im genannten etwa elf Jahre dauernden Zyklus. Ein Aktivitätsmaximum bedeutet eben auch ein Maximum in der Anzahl der Sonnenflecken. Die Flecken sind jetzt aber etwa 1500 Grad kühler als der Rest der Sonnenoberfläche und leuchten daher um etwa 30% weniger hell. Eine größere Anzahl an Flecken bedeutet also eine insgesamt etwas kühlere und weniger hell leuchtende Sonnenoberfläche. Müsste das nicht auch einen Temperaturunterschied auf der Erde ausmachen? Kurioserweise ist das nicht der Fall. Die Sonnenflecken bedecken maximal ein halbes Prozent der Sonnenoberfläche und machen anscheinend das Kraut nicht fett beziehungsweise die Sonne nicht kalt. Die kühleren Zeiten auf der Erde fallen – wenn überhaupt – genau in *Minima* der Sonnenaktivität. Weniger Sonnenflecken bedeuten weniger Aktivität und damit auch etwas weniger Energie, die von der Sonne zu uns kommt. Wobei der Unterschied in Sonnenenergie in einem normalen Elf-Jahres-Zyklus eigentlich kaum ins Gewicht fällt. Die Menge an Energie, die von der Sonne auf die Erde einstrahlt, die sogenannte Solarkonstante, beträgt 1361 Watt pro Quadratmeter. Diese Strahlungsmenge schwankt zwischen dem Minimum und Maximum der Sonne um ein halbes Watt, also etwa ein halbes Promille Unterschied. Das macht zwar beim Führen eines Kraftfahrzeugs einen Unterschied, ist aber für die Temperaturen auf der Erde eigentlich vollkommen vernachlässigbar. Hat die Sonnenaktivität also überhaupt keine Auswirkungen auf extreme Temperaturen auf der Erde?

Jein. Die Sonne ist eine ziemlich komplexe Persönlichkeit und hat neben ihrem relativ regelmäßigen Elf-Jahres-Zyklus noch jede Menge andere Zyklen, die einander überlagern. Da gibt es den etwa 85-jährigen Gleißberg-Zyklus und den etwa 210 Jahre langen Suess-Zyklus, die gemeinsam einen 1470-Jahres-Zyklus erzeugen. Noch länger ist mit etwa 2400 Jahren der Hallstatt- oder Bray-Zyklus, dessen Existenz aber noch recht spekulativ ist. Wie kommen wir auf diese langen Zyklen? Glücklicherweise musste dafür niemand über Jahrtausende Sonnenflecken zählen. Die Sonnenaktivität lässt sich durch die Konzentration radioaktiver Isotope, zum Beispiel das berühmte Kohlenstoffisotop ^{14}C, in Baumringen oder Meeresbodenablagerungen nachweisen. Davon gibt es nämlich mehr, wenn die Sonne weniger aktiv ist. Warum? Es funktioniert so: ist die Sonne weniger aktiv, werden wir zwar weniger von den Innereien der Sonne bombardiert, dafür gelangt aber mehr andere, noch rabiatere kosmische Strahlung aus den Tiefen des Universums zu uns. Das stärkere Magnetfeld der aktiven Sonne kann diese Strahlung sonst ganz gut abblocken, aber im Aktivitätsminimum ist es für die kosmische Strahlung leichter, zu uns durchzukommen. Und diese hochenergetische kosmische Strahlung erzeugt in der oberen Atmosphäre das ^{14}C, das dann mit dem Regen auf die Oberfläche und in Lebewesen gelangt. Über die Schwankungen im ^{14}C-Gehalt in Jahresringen von Bäumen können wir also auf Schwankungen in der Sonnenaktivität schließen. Genauso wird von der kosmischen Strahlung in der Atmosphäre auch ein Beryllium-Isotop erzeugt, das sich im Lauf der Zeit immer wieder, Schicht für Schicht, im Eis der Antarktis oder Grönlands ablagert und so die Sonnenaktivität über Jahrtausende nachweisbar macht.

Zusätzlich zu den verschiedenen Zyklen gibt es aber auch immer wieder atypische Minima, also längere Perioden, in denen die Sonnenaktivität deutlich nachlässt. Ein gutes Beispiel dafür ist das Maunder-Minimum (1645–1715), in dem etwa 70 Jahre lang so gut wie gar keine Sonnenflecken zu sehen waren, oder wenig später das Dalton-Minimum Anfang des 19. Jahrhunderts. Beide fallen in die Periode der kleinen Eiszeit, in der es weltweit, aber vor allem in Europa, deutlich kälter war als davor. Dabei waren die Durchschnittstemperaturen in der kleinen Eiszeit weltweit nur um etwa ein halbes Grad niedriger. Klingt nicht besonders dramatisch, aber wie wir von unserer aktuellen Klimakrise wissen, kann ein kleiner Unterschied im globalen Durchschnitt lokal viel mehr bedeuten. Europa traf es damals (wie heute) besonders stark: In extremen Jahren, wie dem berüchtigten Jahr ohne Sommer 1816, damals auch *Achtzehnhundertunderfroren* genannt, war es in Teilen Europas gut drei Grad kälter als im langjährigen Mittel. Das Ergebnis waren nicht nur zugefrorene Flüsse, wie etwa in London, wo auf der Themse Jahrmärkte stattfanden. Weniger unterhaltsam zeigte sich das extreme Wetter in Überschwemmungen, sommerlichen Frostperioden, und in der Folge Missernten, Hungersnöten und Ausbrüchen von Seuchen wie Typhus und der Pest. Bevor Sie nun dem schwächelnden Feuerball die Schuld geben: Das Extremwetter war nicht nur der geringen Sonnenaktivität zu verdanken, sondern wurde durch eine unglückliche Kombination mit einem oder sogar zwei großen Vulkanausbrüchen verstärkt. Trotzdem spielte auch die verringerte Sonnenaktivität des Dalton-Minimums eine Rolle.

Die Sonnenaktivität hat also in Einzelfällen und in Kombination mit anderen Ereignissen sehr wohl einen Einfluss auf Temperaturschwankungen auf der Erde. Aber mit der momentanen, rasanten und so noch nie dagewesenen, existenzbedrohlichen Temperaturveränderung hat die Sonne nichts zu tun. Die gemessenen Temperaturen und vor allem der steile Temperaturanstieg der letzten Jahrzehnte (Stichwort: »*Hockey Stick*«-Kurve) spiegeln sich überhaupt nicht in irgendeiner Art von Sonnenaktivität wider. Im Gegenteil: die Aktivität unseres Sterns wird anscheinend gerade wieder schwächer. Das letzte Maximum 2014 war wesentlich schwächer als die vorherigen. Die Sonne war im 20. Jahrhundert ziemlich aktiv und ist jetzt möglicherweise wieder auf dem Weg in eine »normalere« Phase. Vielleicht denken Sie nun: Oh, das ist aber praktisch, das könnte uns noch zugutekommen und vielleicht dem Klimawandel entgegenwirken. Ja, möglicherweise, nur ist der Effekt der Sonnenaktivität mit ihrem halben Grad Unterschied in den ärgsten Zeiten leider nicht besonders groß. Den potentiellen Vorteil hätten wir mit dem mehr als einem Grad Erderwärmung, das wir mittlerweile selbst verursacht haben, auch schon verwirkt.

Die Sonne ist also unschuldig, was den Klimawandel betrifft. Doch was verursacht ihre Aktivität? Woher kommen die dunklen, kühleren Flecken an ihrer Oberfläche und warum verschwinden sie auch wieder genauso plötzlich, wie sie aufgetaucht sind? Vielleicht haben Sie es schon vermutet: Es ist ein unsichtbares Phänomen, das für die abwechselnde Action oder Langeweile auf der Sonne verantwortlich ist. Dabei handelt es sich um das komplizierte Magnetfeld der Sonne. Das klingt jetzt nicht besonders aufregend, aber mit dem Wort »Magnetfeld« können Sie auch selbstbewussten Astronominnen und Astronomen den Angstschweiß auf die Stirn treiben. Machen Sie sich den Spaß: Besuchen Sie einen Vortrag an Ihrer lokalen Sternwarte oder Uni und stellen im Anschluss die Frage: »Was ist eigentlich mit Magnetfeldern?« Sie werden bewundernde Blicke aus Teilen des Publikums und nervöses Gestammel der Vortragenden ernten. Die beiläufig klingende Frage *»what about magnetic fields?«* hat sich als Schreckgespenst bei jungen Forschenden etabliert, die ihre Arbeit auf einer Konferenz präsentieren müssen, denn irgendwer fragt immer danach und meistens gibt es keine gute Antwort. Magnetfelder verursachen zwar sehr viele Phänomene im Universum, sind aber gemeinhin sehr kompliziert und schwierig zu verstehen und nachzuvollziehen. Bei den größeren Dingen da draußen, wie etwa ganzen Galaxien oder noch größeren Galaxienhaufen, werden Magnetfelder gemeinhin ignoriert, was auch in den meisten Fällen ok ist. Doch nicht so bei Sternen. Sterne funktionieren nur mit Magnetfeldern. Wilde Magnetfelder sind schuld daran, dass die Sonne Flecken hat und dass das Material aus der Sonne herausgeschleudert wird. Wenn wir verstehen wollen, wie Sterne, wie unsere Sonne funktioniert, müssen wir die Magnetfelder berücksichtigen.

Eigentlich ist es erstaunlich, dass wir Magnetfelder nicht sehen können, denn Licht selbst ist ja die Art und Weise, wie sich Magnetfelder miteinander austauschen. Das Licht besteht sogar aus Magnetfeldern: Magnetfelder, die sich abwechselnd mit elektrischen Feldern gegenseitig erzeugen, verändern und fortpflanzen und so durch den leeren Raum rasen. Wir können also eine bestimmte Art von sich verändernden Magnetfeldern sehen, die wiederum sich verändernde elektrische Felder erzeugen und so weiter, denn das *ist* Licht. Könnten wir Magnetfelder aber direkt sehen, würde die Sonne ziemlich spektakulär aussehen: sie wäre ein wildes, verwickeltes Wollknäuel aus gigantischen, sich laufend bewegenden und dahinwobbelnden Schleifen und Bögen*.

Wir können auch beobachten, was diese unsichtbaren, wirren Magnetfelder mit dem Material der Sonne anstellen. Wir sehen die Eruptionen an der Sonnenoberfläche mit unseren Augen und im sichtbaren Licht, aber viel besser sieht man sie in einer unsichtbaren Farbe: im ultravioletten Licht. Die Sonne sieht für unsere Augen zwar ziemlich hell und blendend, aber nicht besonders aufregend aus. Im UV-Licht dagegen offenbart sich uns das wütende Inferno, das sie auch ist. Mit Hilfe des *Solar Dynamics Observatory* (SDO) beobachten wir die Sonne kontinuierlich und in verschiedenen für uns unsichtbaren Farbnuancen des UV-Lichtes. Die aktuellen Bilder kann man sich auch jeden Tag auf der SDO-Webseite ansehen[27]. Was im sichtbaren Licht eine gelbe Scheibe mit ein paar Flecken ist, wird im UV-Licht zu einer brodelnden, dynamischen Feuerkugel. Doch das SDO liefert nicht nur beeindruckende Bilder, sondern es ist hauptsächlich dazu da, um die Sonne und ihren quasi-periodischen, magnetischen Aktivitätszyklus zu verstehen.

Und haben wir den Elf-Jahres-Zyklus der Sonne schon entschlüsselt? Nicht ganz, aber wir wissen mittlerweile zumindest mehr oder weniger, was im Laufe eines Sonnenzyklus geschieht: Alle elf Jahre wird das Magnetfeld der Sonne umgepolt. Das klingt gefährlich, ist aber nicht weiter schlimm, das macht die Sonne ja schon seit Milliarden von Jahren. Wie kommt es dazu? Die seltsame Drehung der

* Die NASA hat dazu ein schönes Video erstellt: https://svs.gsfc.nasa.gov/cgi-bin/details.cgi?aid=12104

Sonne ist schuld daran. So ein Plasmaball rotiert nämlich nicht wie eine starre Kugel, sondern an unterschiedlichen Stellen mit unterschiedlicher Geschwindigkeit. Man nennt das auch differentielle Rotation. Die Sonne dreht sich natürlich überall in die gleiche Richtung, aber an ihren Polen deutlich langsamer als an ihrem Äquator. Der Unterschied in der Drehgeschwindigkeit ist etwa 20 Prozent, also gar nicht so wenig. Jetzt ist es so, dass das Material in den oberen Schichten der Sonne das Magnetfeld mitverursacht und mit dem Magnetfeld wechselwirkt. Die Magnetfeldlinien sind an das elektrisch geladene Sonnenmaterial gebunden und werden bei der Drehung der Sonne langsam mitgezogen und aufgewickelt. Stellen Sie sich ein schönes, geordnetes Magnetfeld vor, kugelförmig, mit Magnetfeldlinien, die wie Schnüre von einem Pol zum anderen laufen. Jetzt dreht sich das Material am Äquator aber etwas schneller, und die Magnetfeldlinien werden mitgezogen. Mit jeder Drehung ist der Bauch der Sonne, also die Region in Äquatornähe, dem Rest der Oberfläche ein Stück weiter voraus. Die Magnetfeldlinien bekommen zuerst eine Delle am Äquator und werden nach und nach immer weiter aufgewickelt. Eine Drehung dauert etwa einen Monat und so wird das Magnetfeld der Sonne über die Jahre immer verworrener und verwickelter, bis die Magnetfeldlinien mehr parallel zueinander entlang des Äquators verlaufen anstatt nach oben und unten. Nach etwa elf Jahren löst sich die so aufgebaute Spannung auf, das Magnetfeld polt sich um und alles geht wieder von vorne los.

So weit das simple Modell. Doch was jetzt noch dazukommt, ist die turbulente Bewegung der Sonnenoberfläche.

Die blubbert und sprudelt so vor sich hin, in etwa wie kochendes Wasser, nur eben aus Gas und zirka 5000 Grad heißer. Aber der Mechanismus ist der Gleiche: Konvektion. Heißes Material aus dem Inneren wird nach oben gespült, kühlt ab und sinkt wieder nach unten, wie es bei wallend kochendem Wasser der Fall ist. Genauso wie bei der Drehung der Sonnenkugel nimmt auch bei der turbulenten Konvektion das heiße Material die Magnetfeldlinien mit. Sie werden also im Laufe der Zeit nicht nur rundherum, sondern auch in Schlaufen nach oben und unten gewickelt. Und wenn diese Schlaufen die Sonnenoberfläche durchstoßen, gibt es einen neuen Sonnenfleck, oder gleich eine Sonnenfleckengruppe, denn ein Fleck kommt selten allein.

Und warum sind die Flecken dann kalt, wenn doch dort heißes Material aus dem Sonneninneren nach oben kommt? Genau dort, wo die Magnetfelder am stärksten sind, behindern sie die Konvektion. Sie verhindern, dass neues Material nach oben gelangt, während es daneben noch aufsteigen kann. So bleiben die Flecken etwas kühler und dunkler als ihre Umgebung. Gleichzeitig aber wird auch Material an den Magnetfeldern entlang beschleunigt und so aus der Sonne herausgeschleudert. Das sind die Ausbrüche, die man in den UV-Bildern der Sonne als helle Flecken und gebogene Strukturen sieht. Was wir im UV-Licht sehen, ist eigentlich nicht die Sonnenoberfläche, sondern eine Schicht aus dünnerem Gas, die direkt darüber liegt, auch Chromosphäre genannt. Dieses stark beschleunigte Material leuchtet im UV-Licht, bevor es dann von der Sonne weg in den Weltraum herausgeschleudert wird. So sorgen mehr Sonnenflecken auch gleichzeitig für mehr Ausbrüche und mehr

Strahlungsintensität. Oder anders gesagt: Dunkle Flecken und helle Ausbrüche haben die gleiche Ursache, turbulente Magnetfelder.

Und wo kommen diese Magnetfelder her? Das Magnetfeld der Sonne wird in ihrem Inneren erzeugt, wie auch das Magnetfeld der Erde im Inneren der Erde generiert wird. Das ist aber schon so gut wie alles, was die beiden gemeinsam haben. In beiden Fällen wird das Magnetfeld von einem Dynamo erzeugt. Dynamo heißt einfach, dass Bewegungsenergie in elektrische Energie umgewandelt wird, wie beim Fahrraddynamo. Der solare Dynamo sitzt aber nicht nur im Kern der Sonne, sondern auch in ihren äußeren Schichten. Die Sonne hat quasi zwei Magnetfelder, die auf unterschiedliche Arten in unterschiedlichen Bereichen der Sonne erzeugt werden und sich überlagern. Zusätzlich zum eher kugelförmigen, *polaren* Magnetfeld mit Nord- und Südpol, das eine ähnliche Form hat wie das Magnetfeld der Erde, gibt es auch noch ein anderes Magnetfeld, das wie ein Donut geformt ist. Es umgibt den Sonnenkern wie ein dicker Schwimmreifen. Dieses donut-förmige, oder *toroidale* Feld wird vom Material in den mittleren bis äußeren Schichten der Sonne erzeugt, dort wo sich das Material durch die Konvektion turbulent bewegt. Wir wissen, dass das Wechselspiel dieser beiden Magnetfelder für die Aktivität der Sonne verantwortlich ist, doch die Details des Sonnendynamos sind noch nicht geklärt.

Doch woher wissen wir überhaupt so viel über den inneren Aufbau der Sonne? Man kann ja bekanntlich nicht in Sterne hineinschauen. Nein, aber man kann in sie hineinhören. Ja, wirklich. Es gibt ein eigenes Forschungsfeld in der

Astronomie, das sich mit der Fortbewegung von Schallwellen im Inneren der Sterne beschäftigt: die Asteroseismologie. Wie wir bei einem Erdbeben durch die Art, wie sich die Vibrationen im Erdinneren ausbreiten und an verschiedenen Gesteinsschichten reflektiert werden, die unterschiedlichen Schichten und den Aufbau der Erde rekonstruieren können, misst die Asteroseismologie die Vibrationen des Inneren der Sterne. Sterne schwingen und vibrieren in ganz vielen verschiedenen Frequenzen. Je nach ihrer Größe, Zusammensetzung und ihrem inneren Aufbau schwingen sie unterschiedlich schnell. Und diese Schwingungen breiten sich je nach Dichte unterschiedlich schnell aus oder werden an der Grenze zwischen zwei unterschiedlichen Schichten reflektiert. Ein Stern brummt und summt wie ein ganzes Orchester beim Stimmen der Instrumente.

Doch wie können wir diese Schwingungen, diese Schallwellen, durch das Vakuum des Weltraums und über Entfernungen von vielen Lichtjahren hören? Gar nicht. Aber wir können die Vibrationen der Schallwellen beobachten, in etwa so, wie man die Schwingungen einer Lautsprechermembran sehen kann, wenn man genau schaut. Oder auch nicht ganz, denn im Fall der Sterne beobachten wir nicht direkt ihre vibrierende Oberfläche. Die Schwingungen verursachen vielmehr minimale Veränderungen in der Helligkeit des Sterns. Doch das Summen der Sterne besteht aus vielen verschiedenen Schwingungen, die sich alle überlagern. Wir beobachten das gesamte Licht eines Sterns, also die Summe aus allen einzelnen Sternbeben und Vibrationen, die erst in mühsamer Analyse auseinandergerechnet werden müssen. So als würden sie aus dem monumentalen

Gesamtklang eines Lichtjahre entfernten Orchesters die Tonlage und Melodie jedes einzelnen Instruments heraushören. Doch der Aufwand lohnt sich: Denn so können wir den inneren Aufbau der Sterne rekonstruieren.

Dafür benötigt es unglaublich präzise Beobachtungen, aber gut hinzuschauen alleine reicht nicht, um zu verstehen, was passiert. Dafür müssen wir Modelle erstellen, die dann hoffentlich mit den Beobachtungen zusammenpassen. Und wenn nicht, wird das Modell eben Schritt für Schritt mit jeder neuen Erkenntnis und Beobachtung verändert und angepasst, bis es das beschreiben und vorhersagen kann, was wir beobachten. Damit stoßen wir nicht nur bis in den Kern der Sterne vor, sondern auch direkt ans pochende Herz der Wissenschaft.

Und wie sieht das Innere eines typischen Sterns aus? Das Innere der Sonne ist in etwa gedrittelt: Wie eine Mozartkugel besteht sie grob aus drei Schichten ähnlicher Ausdehnung. Ihr Kern hat einen Radius von etwa 200 000 km und ist mit 150 Gramm pro Kubikzentimeter gut zehnmal so dicht wie Blei. Hinzu kommen noch ein Druck von 200 Milliarden Bar und eine Temperatur von etwa 15 Millionen Grad. Das sind die Bedingungen, bei denen die Kernfusion von selbst stattfindet, bei denen jede Sekunde 564 Tonnen Wasserstoffatome zu 560 Tonnen Helium zusammengepresst werden. Der Verlust von vier Millionen Tonnen an Material pro Sekunde ist das Licht, das wir dann etwa hunderttausend Jahre und acht Minuten später sehen können. Hunderttausend Jahre braucht es nämlich, um durch den Rest der Sonne nach außen zu gelangen. Einmal an der Oberfläche, ist das Licht dann in etwa acht Minuten bei uns.

Als Nächstes kommt die Strahlungszone, die etwa 300 000 km dick ist. Sie ist es höchstwahrscheinlich, die das »normale« polare Magnetfeld der Sonne mit Nord- und Südpol erzeugt, da es dort zu heiß für Konvektion ist und der gesamte Bereich wie eine starre Kugel rotiert. Die äußerste Schicht der Sonne ist schließlich die Konvektionszone. Sie nimmt die restlichen 200 000 km bis zur Oberfläche ein. In der Konvektionszone kann sich das Sonnenmaterial erstmals ausdehnen, wird dadurch leichter und steigt auf. Das ist der Prozess der Konvektion, der dieser Schicht ihren Namen gibt. Das donut-förmige Magnetfeld entsteht vermutlich in den Tiefen der Konvektionszone.

Und dann kommt noch die Schokoglasur der Mozartkugel: die sogenannte Photosphäre, eine dünne Schicht, in der das undurchsichtige Plasma zu durchsichtigem Gas wird, dort wo das Licht endlich die Sonne verlassen kann.

Die Dichte an der Sonnenoberfläche beträgt nur etwa ein Zehntausendstel der Dichte der Atmosphäre an der Erdoberfläche.

Die Asteroseismologie sagt uns auch, dass die meisten anderen Sterne deutlich aktiver sind als unsere Sonne. Das ergab eine Untersuchung aus dem Jahr 2020[28]: Ein Forschungsteam des Max-Planck-Instituts für Sonnenforschung hat aus den Beobachtungsdaten des Kepler-Weltraumteleskops unter Zehntausenden gut beobachteten Sternen 369 Sterne mit sonnenähnlichen Eigenschaften ausgesucht. Diese Sterne haben beinahe die gleiche Temperatur, Dichte, Zusammensetzung, Drehgeschwindigkeit und Alter wie die Sonne. Die große Überraschung: Ihre Helligkeitsschwankungen sind im Schnitt etwa fünfmal so stark wie die der Sonne. Diese

Sterne sind der Sonne in all ihren Eigenschaften sehr ähnlich, aber aus irgendeinem Grund wesentlich aktiver.

Das heißt, wir haben uns entweder einen ungewöhnlich ruhigen und angenehmen Stern ausgesucht, oder die Sonne befindet sich gerade in einer sehr ruhigen und angenehmen Phase. Wir können ihre Aktivität zwar über die letzten knapp 10 000 Jahre gut zurückverfolgen, aber was sind schon 10 000 Jahre für einen 5 Milliarden Jahre alten Plasmaball? Eine gute Stunde in einem langen Menschenleben. Es könnte also sein, dass die Sonne gerade nur ein Nickerchen macht. Ein Grund mehr, das ebenso unglaubliche wie fragile Glück, dass wir mit unserer kosmischen Lebenssituation genießen, etwas mehr wertzuschätzen und es nicht aus Ignoranz, Bequemlichkeit und Angst vor Veränderung zu verspielen.

August

Some like it hot

Was ein Röntgenblick ins Universum enthüllt

IST ES HEIß HIER ODER BIN ICH DAS?

August ist Sternschnuppenmonat. Naja, eigentlich ist jeden Monat Sternschnuppenmonat, denn irgendein Sternschnuppenschauer ist immer zu sehen*. Doch aus irgendeinem Grund sind die Perseiden im August am bekanntesten – obwohl sie nicht mal der stärkste Sternschnuppenschauer des Jahres sind. Bei den Geminiden im Dezember etwa sind noch wesentlich mehr und hellere Sternschnuppen zu erwarten als bei den Perseiden. Außerdem sind die Sternschnuppen der Geminiden langsamer (was besser aussieht) und sie sind auch schon am frühen Abend gut am Himmel zu sehen und nicht erst spät in der Nacht wie die Perseiden. Vermutlich liegt ihre Berühmtheit daran, dass es sich Mitte August besser im Gras liegen und auf Sternschnuppen warten lässt als Mitte Dezember.

Woher aber kommen diese unterschiedlichen Eigenschaften der Sternschnuppenschauer oder ihre Namen? Die Perseiden kommen aus dem Sternbild Perseus, die Geminiden aus dem Sternbild Gemini, also den Zwillingen. Jeder Sternschnuppenschauer scheint von einer ganz bestimmten Gegend am Himmel auszustrahlen, man nennt das auch den Radianten. Alle Sternschnuppenschauer haben so einen

---

* Liste der Meteorströme auf Wikipedia: https://de.wikipedia.org/wiki/Liste_von_Meteorstr%C3%B6men

Radianten, nicht weil sie alle aus einer bestimmten Richtung auf die Erde zufliegen, sondern umgekehrt: weil wir uns relativ zu den im Weltraum auf ihrer Bahn dahinfliegenden Trümmern bewegen. Sternschnuppen sind ja winzige Partikel, die in der Erdatmosphäre verglühen. Sie schieben bei ihrem rasanten Flug durch die Atmosphäre die Luft so stark zusammen, dass sie extrem heiß wird und zu glühen anfängt. Die Leuchterscheinung der Sternschnuppe, auch Meteor genannt, ist also eigentlich nur glühende Luft. Aber dabei verglüht meist auch der kleine Brocken, der die Leuchterscheinung auslöst. Die durchschnittliche Sternschnuppe ist etwa so groß wie ein Reiskorn.

Und woher kommen die Trümmer? Es sind die Reste von ehemaligen Kometen. Kometen sind riesige schmutzige Schneebälle, also lose Ansammlungen aus Steinen, Eis und Staub. Auf ihrer Bahn um die Sonne kommen sie der Sonne immer wieder nahe, *zu* nahe, denn sie verlieren dabei einen Teil ihres Materials. Das beschert ihnen einen schönen Schweif, aber sie werden auch immer kleiner und lockerer, bis sie irgendwann auseinanderbrechen. Die Bruchstücke bewegen sich weiter auf der Bahn des Ex-Kometen und sind etwas unregelmäßig entlang der Bahn verteilt. Wenn die Erde nun diese Bahn kreuzt, pflügt sie sich durch das Trümmerfeld und es sieht so aus, als würden Sternschnuppen auf uns einregnen. Der Effekt ist der gleiche, wie wenn man schnell durch Regen oder Schneefall fährt: Alles scheint von einem Punkt aus auf uns zuzukommen. Das ist der Radiant. Und je nachdem, ob wir uns nun zufällig eher gegen die Flugrichtung der Trümmer oder eher mit ihnen bewegen, erscheinen uns die Sternschnuppen schneller oder langsamer. Je nachdem, ob wir gerade durch ein eher dichteres Gebiet an Trümmern fliegen oder nicht, gibt es mehr oder weniger Meteore zu sehen. Und dann kommt es natürlich darauf an, wie hoch dieser Radiant am Himmel steht. Die Erde dreht sich und wenn wir gerade in die falsche Richtung schauen, also bei uns Tag ist, während der Radiant am Himmel zu sehen wäre, sehen wir nicht viel. Bei den Perseiden ist es so, dass der Radiant in Mitteleuropa erst in der zweiten Nachthälfte am Himmel steht und die meisten Sternschnuppen daher auch erst ab ca. 2 Uhr Früh zu sehen sind.

Um so viele Sternschnuppen wie möglich zu sehen, ist es allerdings noch viel wichtiger, dass der Himmel so dunkel wie möglich ist. Also raus aus der Stadt, es sei denn es ist gerade Vollmond, dann braucht man es gar nicht probieren und kann auch gleich in seinem Viertel bleiben. Sie sollten auf der Suche nach den Sternschnuppen auch nicht direkt Richtung Radiant schauen, denn die Sternschnuppen kommen zwar dorther, sind aber am besten etwa 45°, also einen Viertel Himmel daneben zu sehen. Am besten legen Sie sich mit dem Kopf Richtung Radiant auf die Picknickdecke, dann haben Sie das relevante Gebiet rundherum genau im Blick.

Obwohl man auf der Suche nach den Perseiden nicht Richtung Perseus schauen sollte, ist es eine sehr interessante Gegend am Himmel. Dort gibt es einiges zu sehen, wie etwa den schönen Perseus-Doppelsternhaufen, den California-Nebel oder den Supernova-Überrest Cassiopeia A. Es gibt aber auch einiges nicht zu sehen. Genau in dieser Richtung liegt zum Beispiel das Anti-Zentrum der Milchstraße, also der kürzeste Weg Richtung Rand unserer Galaxie. Das beeindruckendste unsichtbare Himmelsobjekt in der Gegend ist aber noch wesentlich weiter von uns entfernt als der Rand der Milchstraße: Es ist der gigantische Perseushaufen, der mehr als tausend einzelne Galaxien enthält. Mit einer Entfernung von 240 Millionen Lichtjahren ist er zwar einer der nächsten großen Galaxienhaufen, aber doch 100 Mal so weit weg wie unsere Nachbargalaxie Andromeda. Trotzdem erscheint der Haufen riesig: Seine Tausenden Galaxien sind über etwa 15 Grad am Himmel verteilt. Das ist 30 Mal der Durchmesser des Vollmonds.

Der Perseushaufen ist vermutlich das massereichste Ding in unserem lokalen Universum. Er wiegt etwa 2×10^{15} Sonnenmassen, also 2 Billiarden mal die Masse unserer Sonne oder mehrere Tausend Mal so viel wie unsere Milchstraße. Das meiste dieser Masse steckt wie bei allen Galaxienhaufen da draußen in der Dunklen Materie. Aber auch von der normalen »sichtbaren« Materie des Galaxienhaufens steckt der größte Teil nicht in den zig Billionen leuchtenden Sternen der Tausenden Galaxien, sondern woanders: Der Haufen ist gefüllt mit Gas, welches Dutzende Millionen Grad heiß ist. Dieses Gas ist es, das den Großteil des Galaxienhaufens ausmacht.

Falls Sie jemals durch einen Unfall oder ein Experiment einen Röntgenblick erlangen sollten, würde ich an Ihrer Stelle meine Augen in der ersten Nacht Richtung Perseushaufen richten, denn das heiße Gas leuchtet extrem hell im Röntgenbereich. Zugegeben, die Röntgenstrahlen aus dem Weltall werden von der Atmosphäre absorbiert, und der Himmel wäre für Sie eigentlich ziemlich dunkel, aber lassen wir uns doch von der Luft nicht den Spaß verderben …

Hätte Ihr Röntgenblick die gleiche Sensitivität und Auflösung wie das Röntgenteleskop *Chandra*, würden Sie einen sehr hellen Blob am Himmel sehen, etwa halb so groß wie der Mond. Der Perseushaufen ist der hellste Galaxienhaufen am Röntgenhimmel. Und was wir auf den Chandra-Aufnahmen sehen, ist auch nur der hellste Bereich dieser gigantischen, 50 Millionen Grad heißen Gasblase. Dieses hell leuchtende Inferno aus Gas hat einen Durchmesser von 500 000 Lichtjahren, ist also etwa fünfmal so groß wie die ganze Milchstraße.

Woher kommen die Röntgenstrahlen? Das Gas in dem Haufen wird durch die gesammelte Anziehungskraft der zwei Billiarden Sonnenmassen in Bewegung versetzt und ordentlich aufgemischt. Die Gasteilchen werden so extrem schnell, dass ihre Geschwindigkeiten beinahe an die Lichtgeschwindigkeit heranreichen. Diese superschnellen Teilchen stoßen fast zusammen, werden abgelenkt, gebremst oder beschleunigt und geben dabei Strahlung ab. Je schneller die chaotische Bewegung der Teilchen, desto mehr Energie hat auch die Strahlung.

Das Konzept von sich chaotisch bewegenden Teilchen nennt man auch Temperatur. Es gilt also: Je schneller die Teilchen, desto heißer das Gas, desto hochenergetischer die Strahlung, die emittiert wird. Röntgenstrahlung ist auch das Maximum an hochenergetischer Strahlung, das sich durch Temperatur erzeugen lässt. Viel schneller können sich Gasteilchen nicht mehr bewegen, denn sie kommen nicht an die Lichtgeschwindigkeit heran, geschweige denn darüber hinaus. Photonen mit noch höherer Energie, also Gammastrahlung, werden nicht mehr durch die Teilchenbewegung der Temperatur erzeugt, aber das ist eine andere Geschichte*.

Mit ihrem Röntgenblick würden Sie auch ganz gut sehen können, was in dem Gas gerade vor sich geht, zusätzlich zur rasenden Bewegung der einzelnen Gasteilchen: In dem Haufen tobt ein gigantischer Röntgen-Tsunami. Falls Sie sich nun nicht bildlich vorstellen können, wie so ein Röntgen-Tsunami aussieht: Das NASA Goddard Space Flight Center hat basierend auf den Chandra-Daten ein tolles Video erstellt und simuliert, wie es zu dem Tsunami kam[29]: Vor etwa drei Milliarden Jahren ist ein kleinerer Galaxienhaufen ganz nah am großen Perseushaufen vorbeigeflogen. Der kleine Haufen hat den großen zwar um einige hunderttausend Lichtjahre verfehlt, aber der knappe Vorbeiflug löste eine Schockwelle in der gigantischen Gasblase des Haufens aus. Das Gas ist nicht überall gleich heiß und durch die Schockwelle wurde das kühlere Gas mit dem heißeren vermischt, wobei eine spiralförmige, rotierende Struktur entstand, die sich in der Gasblase verteilt, so wie die Milch im Kaffee. Und das ist nicht etwa eine bemühte Analogie, sondern wirklich das, was in solchen Fällen passiert: Das kühlere Gas beginnt sich wie eine Flüssigkeit zu kräuseln. Dort, wo sich die verschiedenen Gasschichten unterschiedlich schnell aneinander vorbeibewegen, kommt es zu den exakt gleichen Mustern, die entstehen, wenn man Milch in den Kaffee gießt. Man nennt diese gekräuselten Muster Kelvin-Helmholtz-Instabilitäten. Wir kennen sie von Meeresströmungen und von Wolkensystemen auf der Erde, oder

---

* Siehe Kapitel Juni.

sehen sie in den Wolkenbändern des Jupiter. Es sind die gleichen Phänomene, die überall im Universum stattfinden, nur auf ganz unterschiedlichen Skalen. Man sieht diese Kelvin-Helmholtz-Wellen auch deutlich in der NASA-Simulation: Neben der spiralförmigen Welle, die sich nach außen dreht, entstehen riesige, unregelmäßige Einbuchtungen, die im Lauf der Simulation hin und her schlenkern. Und genau so eine Einbuchtung am Rand der riesigen Gasblase ist auf dem Bild des Chandra-Röntgenteleskops deutlich zu sehen. Es ist eine gigantische Kelvin-Helmholtz-Welle, die etwa doppelt so groß ist wie die ganze Milchstraße. Denken Sie an den gigantischen Röntgen-Tsunami, wenn Sie das nächste Mal Milch in ihren Kaffee oder Tee leeren.

Im Zentrum der riesigen Gasblase ist aber auch einiges los: Es sind deutlich zwei kleine Hohlräume auszumachen. Die Hohlräume sind fast symmetrisch oberhalb und unterhalb des hellen, punktförmigen Zentrums der Gasblase angeordnet. Was ist da los im Zentrum des Perseushaufens? Dort sitzt eine fette elliptische Riesengalaxie namens NGC 1275. Das ist bei den meisten Galaxienhaufen so: In ihrem Zentrum befindet sich fast immer eine große, meist elliptische Galaxie. Und diese Zentralgalaxien von Galaxienhaufen sind auch immer irgendwie seltsam. Oft ist es nicht ganz so offensichtlich, doch bei NGC 1275 sieht man sofort, dass in ihr gerade wilde Dinge passieren. Die Galaxie scheint verwickelt und verwurschtelt wie ein loses Wollknäuel, das von einer intergalaktischen Katze malträtiert wurde. Es handelt sich dabei um Material, das aus dem Zentrum der Galaxie herausgeblasen wurde. Im Zentrum von NGC 1275 wütet ein aktiver Galaxienkern, also ein supermassereiches Schwarzes Loch, das sich gerade riesige Mengen an Material einverleibt. Es wird nämlich nicht nur Material aus dem Kern der Galaxie herausgeschleudert, sondern es fallen gleichzeitig auch große Mengen an neuem Material in die Galaxie hinein. Dieses Material sammelt sich dann um das Schwarze Loch herum in einer Akkretionsscheibe an und spiralisiert immer schneller und immer näher an das Schwarze Loch heran. Aus einer Messung der Drehgeschwindigkeit dieser Scheibe wissen wir, dass dort etwa eine Milliarde Sonnenmassen an Gas um das Schwarze Loch herumwirbeln. Das ist die Masse einer kleinen Galaxie. Das Schwarze Loch aber kann gar nicht so viel auf einmal vertilgen, und so wird das Material nach oben und unten wieder aus dem Zentrum der Galaxie herausgeschleudert. Gleichzeitig entstehen extreme Magnetfelder und dadurch gigantische, gebündelte Jets, die das Material mitreißen und weit aus der Galaxie hinaus beschleunigen. Treffen diese Jets dann auf das heiße Gas, das die Galaxie umgibt, schieben sie das Gas nach außen und verursachen so die beiden Hohlräume, die wir als dunklere Gebiete mitten im hell leuchtenden Röntgen-Gas sehen.

Als wenn das nicht schon genug Action wäre, befindet sich zusätzlich noch eine andere, kleinere Galaxie im Vordergrund – beziehungsweise das, was von ihr übrig ist. Die kleinere Galaxie fällt anscheinend gerade in den Haufen hinein, direkt auf die riesige NGC 1275 zu. Sie ist noch einige hunderttausend Lichtjahre von der Zentralgalaxie entfernt, wird aber schon von der Gezeitenkraft der großen Galaxie auseinandergezerrt und ist drauf und dran, mit ihr zu verschmelzen. Noch mehr frisches Material für den hungrigen aktiven Galaxienkern in ihrem Zentrum.

Das ist aber nicht das Einzige, was Galaxien in der brutalen Gegend eines Galaxienhaufens so passiert. Wir sehen allerhand Beweise für die Wirkung, die das heiße Gas auf die Galaxien im Haufen hat, vor allem auf die nichtsahnenden Neuankömmlinge im Haufen. Ein Galaxienhaufen hat durch seine riesige Masse natürlich auch eine dementsprechende Anziehungskraft auf seine Umgebung und so fallen immer wieder neue Galaxien, die in weniger turbulenten Gebieten des Universums aufgewachsen sind, in den Haufen hinein. Es ist eine Art kosmische Landflucht, eine galaktische Migration, die für die Migrantinnen eine ziemlich einschneidende Erfahrung sein kann. Der Umzug in eine neue Galaxien-Großstadt kann traumatisch sein, denn das Leben im Galaxienhaufen ist nicht immer leicht. Den Neuankömmlingen schlägt ein harter Wind entgegen. Es ist der heiße Wind des Multimillionen Grad heißen Gases, das den Haufen durchdringt. Den Galaxien bleibt quasi die Luft weg, ihnen werden die Kleider entrissen, sie werden von den anderen Haufenmitgliedern belästigt. Die Prozesse heißen tatsächlich so: *strangulation*, *stripping* und *harassment*. Das heiße Gas des Haufens drückt den Galaxien ihr eigenes kaltes Gas heraus, das sie dann oft in langen Tentakeln hinter sich herziehen. Sie werden zu Medusen, zu den sogenannten *jellyfish galaxies*. Nachdem sie dann einige Zeit im Haufen verbracht haben, sind sie kleiner geworden, rundlicher und sie altern schneller, da sich ohne kaltes Gas keine neuen Sterne bilden können. Wenn Sie noch mehr über das aufregende Leben der Galaxien wissen wollen, kann ich ihnen ein gutes Buch dazu empfehlen: *Per Lastenrad durch die Galaxis*[30].

Doch das brutal heiße Gas im Perseushaufen hat auch seine schönen Seiten. Im Jahr 2003 wurde dort von einem Team um den englischen Astronomen Andrew Fabian der tiefste Ton gemessen, der jemals im Universum entdeckt worden war[31]. Die zwei symmetrischen Blasen des aktiven Galaxienkerns höhlen das heiße Gas im Zentrum des Haufens nicht nur aus. Sie versetzen es auch in Schwingungen. Sie verursachen Schallwellen, die sich dann durch das ganze Gas des Haufens ziehen. Der Galaxienhaufen hat also tatsächlich eine Art Ton, nur ist es ein sehr, sehr tiefer Ton. Die Gasblasen oszillieren über einen Zeitraum von 9 Millionen Jahren, sie wobbeln quasi ganz langsam hin und her. Der Kammerton A hat eine Frequenz von 440 Hz (ein Hertz bedeutet eine Schwingung pro Sekunde), also 440 Schwingungen pro Sekunde. Der Perseushaufen hat *eine* Schwingung *alle 9 Milliarden Jahre*. Die Frequenz liegt ganz nahe an einem B, allerdings 57 Oktaven tiefer als der Kammerton A. Das ist eine Frequenz, die eine Million Milliarden Mal niedriger ist als die Grenze des menschlichen Hörvermögens.

Das bombastisch tiefe Röhren des Galaxienhaufens ist nicht nur eine schöne akustische Vorstellung, sondern enthält natürlich auch jede Menge Informationen. Andrew Fabian und sein Team haben nicht einfach zum Spaß nach Schallwellen im Perseushaufen gesucht. Schallwellen sind Dichteschwankungen, die sich in einem Medium ausbreiten. Bei den Tönen, die wir normalerweise hören, ist das Medium meistens Luft, aber das muss nicht so sein. Schallwellen können sich überall ausbreiten, wo genug Material da ist: in der Erdatmosphäre, im Inneren von Sternen oder in den heißen Gaswolken eines Galaxienhaufens. Und je nach Medium breiten sich die Schallwellen ganz anders aus: In festen Körpern zum Beispiel viel schneller als in Gasen. Darum kann man hören, ob ein Zug kommt, wenn man das Ohr ans Gleis legt*. Man kann also von der Ausbreitung der Schallwellen auf viele Eigenschaften des Mediums zurückschließen und so Rätsel lösen, die uns auf andere Art nicht zugänglich wären. Ein großes Rätsel in Galaxienhaufen ist zum Beispiel, warum das immens heiße Gas im Zentrum so lange so heiß bleibt. Das Gas sollte durch die Röntgenstrahlung, die es abgibt, langsam kühler werden. Im Zentrum, wo das Gas am dichtesten ist, strahlt es am meisten Röntgenlicht ab und sollte dort folglich auch am schnellsten abkühlen. Wenn das Gas abkühlt, sinkt sein Druck und das noch heißere Gas von weiter draußen drückt Richtung Zentrum. So kommt es zu einer Bewegung von allen Richtungen ins Zentrum des Haufens: der sogenannte *cooling flow*. Das beobachten wir tatsächlich, aber der Effekt ist bei Weitem nicht so stark, wie er sein sollte. Das könnte die Schuld der Schallwellen sein. Sie transportieren eine gewaltige Menge an Energie, die ursprünglich aus dem aktiven Schwarzen Loch nach außen gepumpt wurde. Diese Energie wird von den Schallwellen nach und nach an das heiße Gas im Haufen abgegeben. Das Gas kühlt also durch die Energie, die es in Röntgenstrahlung verliert, ab, gleichzeitig aber heizt es sich auch langsam durch die Schallwellen aus dem aktiven Galaxienkern wieder auf. Damit das gut funktioniert und zu dem passt, was wir im Perseushaufen beobachten, müsste das Schwarze Loch sein ultra-tiefes B

* Bitte nur ausprobieren, wenn der Zug noch nicht zu sehen ist!

ziemlich konstant über die letzten 2,5 Milliarden Jahre gehalten haben. Keine schlechte musikalische Leistung.

Im Vergleich zu unseren Beobachtungen in anderen sichtbaren und unsichtbaren Wellenlängen steckt die Röntgenastronomie noch in den Kinderschuhen. Was Auflösung und auch Sensitivität angeht, besteht im Röntgenbereich noch ziemlicher Aufholbedarf. Wir haben einfach noch nicht besonders weit und auch nicht besonders detailliert ins Röntgenuniversum hineingeschaut. Aber das wird sich sehr bald ändern. Denn es tut sich im Moment einiges.

Da ist zum einen das wunderbare, nagelneue Röntgenteleskop XRISM, die *X-Ray Imaging and Spectroscopy Mission*. Es ist ein japanisches Teleskop mit Beteiligungen der NASA und ESA, das gerade (2024) zu beobachten begonnen hat. XRISM hat ein genial simples, fast *Zen*-artiges Konzept und besteht aus nur zwei Instrumenten: *Xtend*, eine Kamera mit riesigem Bildfeld, um zu sehen, was alles da ist, und *Resolve,* ein Spektrometer, das bestimmt, was in dem, was wir sehen, drin ist. Für sein *first light,* also die erste wissenschaftliche Beobachtung eines Teleskops, hat XRISM auch gleich einen Galaxienhaufen beobachtet, und zwar den ganzen Haufen in *einer* Aufnahme – so groß ist sein Bildfeld. Wir sind gespannt, was es demnächst vor unseren Augen noch *ausdehnen* und *auflösen* wird.

Und dann ist da noch *eROSITA*, ein etwas unglückliches Projekt, das gerade seinen ersten und möglicherweise auch letzten Katalog veröffentlicht hat. Die Ergebnisse sind spektakulär: Es ist die bisher größte Röntgenkarte des Universums, die etwa die Hälfte des Himmels mit unglaublicher Sensitivität abdeckt. In dem ersten, nur vorläufigen Katalog hat eROSITA etwa 900 000 Röntgenquellen beobachtet, darunter über 710 000 supermassereiche Schwarze Löcher in fernen Galaxien, 12 000 Galaxienhaufen wie den Perseushaufen und 180 000 Sterne und Sternleichen in unserer eigenen Milchstraße. In nur sechs Monaten Beobachtungszeit hat eROSITA mehr Objekte beobachtet als alle bisherigen Röntgenteleskope der letzten Jahrzehnte zusammen.

Warum liegt dann kein Segen auf dem Projekt? eROSITA wurde zwar vom Max-Planck-Institut für Extraterrestrische Physik gebaut, hängt aber Huckepack an einem russischen Weltraumteleskop. Die bis dahin fruchtbare deutsch-russische Zusammenarbeit wurde nach dem Überfall der Ukraine durch Russland im Februar 2022 aufgekündigt und eROSITA ist seitdem abgeschaltet. Nur ein winziges Puzzleteil in der überwältigenden Sammlung an bedauerlichen Konsequenzen eines furchtbaren Krieges.

September

Gravitationswellen

A long time ago in a galaxy far, far away

09
MACH KEINE WELLE!

Der 14. September 2015 beginnt für Marco Drago wie ein ganz normaler Arbeitstag. Er kommt in sein Büro, liest seine Emails, checkt kurz Facebook und hat dann ein Skype-Gespräch mit einem Arbeitskollegen. Doch während des Gesprächs poppt plötzlich eine neue Email auf seinem Bildschirm auf. Es ist ein Alarm des LIGO-Gravitationswellen-Detektors, der gerade ein deutliches Wobbeln der Raumzeit detektiert haben will. Drago ist Post-doc am Hannoveraner Albert-Einstein-Institut und Teil des riesigen Forschungsteams, das für den LIGO-Detektor verantwortlich ist. LIGO, das *Laser Interferometer Gravitational-Wave Observatory*, das in diesen Tagen gerade erst seinen Betrieb aufnehmen und die Existenz von Gravitationswellen nachweisen soll.

Drago wirft einen schnellen Blick auf die Daten. Als er die Datei öffnet, ist er der erste Mensch, der das Signal einer Gravitationswelle zu Gesicht bekommt. Doch davon weiß er noch nichts, ist er doch überzeugt, dass es ein Test oder eine Störung sein muss, denn die Detektoren sind zu dem Zeitpunkt noch gar nicht richtig in Betrieb. Die immense Maschine führt zwar schon Messungen durch, ist aber noch einige Tage im Engineering-Mode, bevor es richtig und offiziell mit der Suche nach Gravitationswellen losgeht.

Doch das Signal sieht anders aus als die bisherigen Testsignale. Es ist viel stärker, perfekter, viel zu gut, um wahr zu sein. Verwundert geht er hinüber ins Büro eines Kollegen, zeigt ihm die Daten und die beiden überlegen, was sie als Nächstes tun sollen. Wieso hat niemand der anderen Teammitglieder reagiert? Die Wissenschaftler:innen in den USA sind noch im Bett, bei LIGO in Livingston, Louisiana ist es gerade erst 5 Uhr Früh. Drago und sein Kollege sind sich einig: Es muss sich um eines der Testsignale handeln, die regelmäßig und meist unangekündigt ins System eingespeist werden, um das Team auf Trab zu halten. Die falschen Daten werden genauso bearbeitet wie die echten, um herauszufinden, ob Störsignale auch entdeckt und als solche erkannt werden würden. Die beiden wollen nun nicht das halbe Team wegen eines offensichtlichen Testsignals aus dem Schlaf reißen, entscheiden sich aber trotzdem, zur Sicherheit, im LIGO-Kontrollraum anzurufen. Dort versichert ihnen die Nachtschicht, dass alles ganz normal läuft und gerade keine Tests stattfinden. Das Blindtestsystem, das für die unangekündigten falschen Signale verantwortlich ist, sei in der Woche offline, da es gerade selbst noch mal durchgetestet wird, bevor die Science-Operations voll anlaufen. Also kein Test! Könnte es sein, dass die unfassbar komplexen und empfindlichen Instrumente, obwohl noch im technischen Testmodus, tatsächlich eine echte Gravitationswelle eingefangen haben? Das Vibrieren des Raums selbst, entstanden bei der Kollision zweier Sternleichen in einer womöglich Millionen oder sogar Milliarden von Lichtjahren entfernten Galaxie?

Nie im Leben, denkt Marco Drago. Er und seine Kolleg:innen hatten erwartet, dass das Signal, wenn überhaupt, in langwieriger, mühseliger Arbeit und durch Unmengen statistischer Analysen nach einigen Jahren an Messungen aus dem Hintergrundrauschen rausgekitzelt werden müsste – und nicht, dass es einen dermaßen anspringen würde.

Es half nichts, das ganze Team muss verständigt werden – um sicherzugehen, dass sich nicht doch jemand, mit Absicht oder nicht, an den Detektoren zu schaffen gemacht hat. Eine Stunde nach dem automatischen Alarm schickt Marco Drago ein Email an die gesamte LIGO-Kollaboration. Erst einige Tage später kommt die Antwort des LIGO-Führungsteams: Es konnten keine Anzeichen dafür gefunden werden, dass irgendein Test stattgefunden hat. LIGO hatte tatsächlich ein echtes Signal gemessen!

Doch was war der Ursprung des Signals? Wirklich eine intergalaktische Gravitationswelle? Die Instrumente sind so unfassbar empfindlich, dass alle möglichen terrestrischen Auslöser für die gemessenen Vibrationen in Frage kamen. Hatten zufällig zwei schwere LKWs in der Nähe der beiden Detektoren gleichzeitig ihren Motor angelassen und die Vibrationen verursacht? Nein, denn genau solche Szenarien waren im Vorfeld sorgfältig getestet worden. Zum Beispiel kam der Leiter der LIGO-Anlage in Hanford gerne mit seiner Harley-Davidson zur Arbeit. In einem Test, der im Logbuch mit dem schönen Namen »Bubba roars off with his Motorcycle« verzeichnet ist, versicherten sich die Wissenschaftler:innen, dass dabei keine Vibrationen messbar waren.

Am 18. September wurde LIGO daher sofort im richtigen Mess-Modus angeworfen – mit dem Ziel, genau diese Hintergrundvibrationen, die durch alle möglichen Ursachen entstehen können, genauer zu verstehen und mit Dragos Signal zu vergleichen. Anfang Oktober hatte man die Wahrscheinlichkeit dafür berechnet, dass die Messung nur ein statistischer Ausreißer, ein reiner Zufall war: Sie lag bei unter 1 zu 1 Million.

In den folgenden Monaten beschäftigten sich verschiedene Teams damit, alle nur erdenklichen irdischen Ursachen des Signals Stück für Stück auszuschließen. Die Software wurde auseinandergenommen und jeder Code Zeile für Zeile überprüft. Gab es vielleicht zu der Zeit Schwankungen in der Erdatmosphäre? Oder ein Erdbeben, dessen Entfernung und Stärke zu den Vibrationen passte? Tatsächlich gab es zu dem exakten Zeitpunkt einen extrem starken Blitzschlag in Afrika, doch dessen Vibrationen waren andere.

Am Ende blieb noch eine unangenehme Möglichkeit: War es Sabotage? Könnte jemand die Instrumente manipuliert haben, um das Signal zu erzeugen? Wer kannte die Mechanik der Detektoren, die Software und das ganze System so gut, um es zu täuschen und anschließend auch noch seine Spuren perfekt zu verwischen? Nur eine Handvoll Leute kam in Frage, die sich auch prompt eine gründliche Befragung gefallen lassen mussten. Doch mit welchem Motiv hätte eine Saboteurin gehandelt? Im Endeffekt war es dann doch wahrscheinlicher, dass die Bösewichte zwei Schwarze Löcher waren.

Bis zur offiziellen Verkündung der Entdeckung von Gravitationswellen sollten beinahe fünf Monate vergehen, in denen es sicher nicht leicht war, die Nachricht geheim zu halten. Über 1200 Personen sind Teil der LIGO-Kollaboration.

Und niemand durfte auch nur ein Wort darüber verlieren, was in ihrem (Berufs-)Leben gerade passierte, worauf sie jahrelang, ja teilweise jahrzehntelang hingearbeitet hatten. Für eine Person muss die Pressekonferenz ein ganz besonderes Gefühl der Erleichterung gewesen sein: Ein glücklicher Marco Drago antwortete auf die Frage, was er nun als Nächstes macht: »Jetzt ruf ich meine Familie an und sage ihnen, dass ich der Erste war, der es gesehen hat.«

Doch woher kam die Welle und was genau hat sie verursacht? Es geschah vor langer, langer Zeit in einer weit, weit entfernten Galaxie. Es war der Moment, als die langwierige Liebesgeschichte zweier Schwarzer Löcher ein jähes und gewaltsames Ende fand. Vor etwa 1,3 Milliarden Jahren. Die zwei dunklen Giganten hatten einander seit ihrer Entstehung etwa zehn Milliarden Jahre zuvor umkreist. Ihr Ursprung: zwei Monstersterne im frühen Universum, jeder mit annähernd hundert Mal der Masse unserer Sonne, die nach ihrem kurzen Sternenleben von nur einigen Millionen Jahren zu zwei Schwarzen Löchern zusammengestürzt waren. Doch das sollte noch lange nicht ihr Ende gewesen sein. Über die Jahrmilliarden nähern sich die beiden Sternleichen einander an, unmerklich zuerst, aber letztendlich unvermeidbar. Da sich die Reste ihrer Supernova-Explosionen schon lange in den interstellaren Raum verflüchtigt haben, ziehen sie still und unsichtbar auf ihren Bahnen dahin. Neue Sterne entstehen und vergehen, ganze Galaxien verschmelzen miteinander, während sich die beiden unaufhaltsam wie zwei Panther umschleichen.

Schneller und schneller kommen die beiden Schwarzen Löcher einander nun näher. Der Raum wird eingedellt, verbogen und hinter den Schwarzen Löchern hergezerrt, bis er Wellen schlägt. Der Raum selbst beginnt zu beben und zu vibrieren, er erzittert vor der gewaltigen Kollision, die bevorsteht. In der letzten Sekunde vor der großen Verschmelzung rauschen die Schwarzen Löcher mit etwa halber Lichtgeschwindigkeit aneinander vorbei, 75 Mal pro Sekunde und nur 350 km voneinander entfernt. Sie schleudern den Raum auf und ab, bis sie schließlich bei ihrer Verschmelzung mehr Energie in einen Tsunami aus Raum und Zeit pumpen, als alle Sterne im beobachtbaren Universum zusammen zur gleichen Zeit in den Weltraum hinausstrahlen. Für ein paar Millisekunden ist es unangefochten das Nummer-1-Ereignis des gesamten Universums.

Und danach? Stille. Aus den zwei Schwarzen Löchern ist eins geworden und der brodelnde Raum hat sich wieder beruhigt. Doch die Tsunamiwelle entfernt sich mit Lichtgeschwindigkeit in alle Richtungen. Sie verlässt vermutlich nach einigen Zehntausend Jahren ihre Ursprungsgalaxie und pflügt sich durch den beinahe leeren intergalaktischen Raum. Milliarden von Jahren vergehen, während sie Milliarden von Lichtjahren zurücklegt. Sie wird dabei schwächer und schwächer, aber aufhalten lässt sie sich nicht.

Dann, vor etwa 150 000 Jahren, als unsere Vorfahren gerade die ersten längeren Ausflüge außerhalb Afrikas unternehmen, rasen die Wellen an der großen Magellanschen Wolke vorbei und weiter auf die Milchstraße zu. Als Albert Einstein 1916 unwillig ihre Existenz vorhersagt, sind die Wellen schon lange in die Sternenscheibe der Milchstraße eingedrungen und durch die Nachbarschaft der Sonne unterwegs. Gerade sind sie über den Stern TOI 700 und seine zwei potentiell bewohnbaren Planeten hinweggerauscht. Als Mitte der 1990er Jahre der Bau des LIGO-Detektors beginnt, sind sie schon so nah, dass sie die Sonne als hellen Stern vor sich sehen könnten (wenn Gravitationswellen Augen hätten).

Am 14. September 2015 um 11:50:45 Mitteleuropäischer Sommerzeit trifft die Welle nach anderthalb Milliarden Jahren Reise auf den Detektor in Livingston, Louisiana, mitten im feucht-heißen Kiefernwald am Golf von Mexiko. Sieben Millisekunden später rauscht sie durch den zweiten Detektor in der Steppe der ehemaligen Nuklearfabrik von Hanford, Washington, in der Nähe der Pazifikküste. In einem Sekundenbruchteil ist sie durch die Erde hindurch und schon weiter auf ihrer Reise hinaus in den Rest des Universums.

Das Signal wird automatisch von der hochkomplexen Software der Detektoren verarbeitet und vier Minuten später löst ein automatischer Alarm aus, der Emails und SMS-Nachrichten an alle beteiligten Forscher:innen verschickt. Und der Rest ist Geschichte.

Gravitationswellen sind also die Schwingungen des Raumes selbst. Sie ähneln den Wellen, die entstehen, wenn man einen Stein ins Wasser wirft. Nur eben ohne Wasser und mit einem sehr, sehr schweren und super-kompakten Stein, der in etwa so schwer ist wie ein ganzes Gebirge, aber trotzdem so klein wie ein Kieselstein. Gravitationswellen plätschern zwar wie Wasserwellen auf und ab, sie brauchen aber kein Medium. Es gibt also nichts, was schwingt, außer dem Raum selbst. Es ist nicht mal so wie bei Licht, das ja auch eine Welle ohne Medium ist, aber zumindest aus schwingenden elektrischen und magnetischen Feldern besteht, die sich durch den Raum fortbewegen. Bei Gravitationswellen bewegt sich nichts durch den Raum, sondern es ist der leere Raum selbst, der Wellen schlägt.

Wie sind wir auf die absurde Idee gekommen? Gravitationswellen sind eine Konsequenz von Albert Einsteins allgemeiner Relativitätstheorie. Das Konzept ist eigentlich relativ simpel: Masse krümmt den Raum – wie die Bowlingkugel das gespannte Gummituch. Je schwerer die Kugel, desto tiefer die Delle. Aber wie kommen wir von Dellen im Raum zu Gravitationswellen? Es ist wie bei dem Stein, der ins Wasser fällt, oder eigentlich wie bei allen Wellen: Es braucht Veränderung. Solange die Delle im Raum stillsteht, gibt es auch keine Wellen. Und da Stillstehen im Weltraum das Gleiche ist, wie sich mit gleichmäßiger Geschwindigkeit zu bewegen, gibt es auch keine Wellen, wenn sich die Masse mit gleichmäßiger Geschwindigkeit bewegt. Was wir brauchen, ist Beschleunigung, denn nur die ist »echte« Bewegung. Eine einfache Art der Beschleunigung ist es, die Richtung zu ändern, also eine Kurve zu machen. Das wird sofort klar, wenn Sie im Verkehrsmittel Ihrer Wahl zu schnell abbiegen. Drehung alleine reicht aber auch nicht aus. Eine perfekte symmetrische Kugel, die sich dreht, erzeugt keine Wellen in Raum und Zeit. Es muss noch irgendeine Art von Asymmetrie dazukommen: ein großer Knubbel auf der Kugel oder einfach zwei Kugeln, die sich umkreisen. Und es müssen natürlich überhaupt keine Kugeln sein. Nehmen Sie Ihren Hund, Freund oder Ihre Sitznachbarin bei den Vorderpfoten und drehen Sie sich mit ihr fröhlich im Kreis, und schon erzeugen Sie Gravitationswellen. Natürlich sind die viel zu klein, um sie nachzuweisen, aber sie müssen da sein.

Wie sieht es mit größeren Dingen aus, die einander umkreisen? Was ist zum Beispiel mit Erde und Sonne? Da wird schon etwas mehr Energie in Gravitationswellen umgesetzt, nämlich etwa 200 Watt. Man könnte also mit den Gravitationswellen, die beim Umlauf der Erde um die Sonne entstehen, eine ziemlich helle Glühbirne, eher einen Deckenstrahler, oder einen großen Kühlschrank betreiben. Die Umlaufbahn der Erde ändert sich dadurch natürlich auch. Wir verlieren Energie und rücken näher an die Sonne heran. Doch keine Panik, es sind nur 10^{-15} Meter pro Tag, also etwa der Durchmesser eines Protons. Bis wir mit der Erde in die Sonne fallen, würden bei dem Tempo noch gut 10^{23} Jahre vergehen – nicht unser dringendstes Problem.

Müssten wir dieses Wobbeln des Raumes bei größeren Objekten nicht sogar sehen können? Nein, denn dafür sind die Wellen zu klein. Obwohl es sich oft anders anfühlt, ist die Gravitation ja eine irrsinnig schwache Kraft. Ich habe die ganze Erde unter mir, die mich auf den Boden zieht, und schaffe es doch nur mit meinen kleinen Beinmuskeln meinen Fuß von der Erdoberfläche zu lösen und herumzulaufen. Und weil die Gravitation so eine schwache Kraft ist, sind auch die Dellen, die durch die Masse im Raum entstehen, extrem klein. Darum sind auch die Gravitationswellen winzig.

Was würde man aber sehen, wenn Gravitationswellen größer wären? Wie würde es aussehen, wenn eine gigantische Gravitationswelle auf uns zukommt und zum Beispiel durch den Mond durchfliegt? Die Wellen bewegen sich wie beim Wasser auch auf und ab, aber in mehr als nur einer Richtung. Man kann sich die Wellenbewegung eher wie ein abwechselndes Dehnen und Quetschen vorstellen. Der schöne runde Vollmond würde abwechselnd gedehnt und gequetscht werden, einmal oben und unten abgeflacht und dafür dicker um den Bauch und dann im Gegenteil, also wie ein Ei aussehen. Und er würde schnell zwischen den beiden Formen hin und her wobbeln. Gravitationswellen schwingen senkrecht auf ihre Ausbreitungsrichtung, also gleichzeitig links-rechts und oben-unten, wenn die Welle genau auf uns zukommt.

Jetzt gibt es diese riesigen Gravitationswellen nicht, oder zumindest entstehen sie sicher nicht nah genug an uns dran, um den Mond zum Wobbeln zu bringen. Was aber kann Gravitationswellen erzeugen, die wir zumindest auf irgendeine Art und Weise beobachten könnten? Wo sollten wir nach Gravitationswellen suchen?

Um Gravitationswellen zu erzeugen, brauche ich Masse, Beschleunigung und Asymmetrie. Je größer die Masse, desto tiefer die Delle im Raum. Je schneller die Beschleunigung, desto höhere Wellen kann die Masse in der Raumzeit schlagen. Um besonders starke Wellen zu erzeugen, sollte die Masse auch noch auf kleinem Raum konzentriert sein. Je kompakter das Objekt, desto tiefer und steiler ist die Delle. Ein bisschen so wie bei einer spitzen Nadel oder einem scharfen Messer, wo der ganze Druck auf eine ganz kleine Fläche konzentriert ist und darum sticht bzw. gut schneidet. Das heißt: hohe Gravitationswellen werden von sehr kompakten Objekten erzeugt, die einander sehr eng umkreisen. Was sind die kompaktesten Objekte im Universum? Schwarze Löcher. Die größte Veränderung und damit auch die höchsten Wellen entstehen also, wenn zwei Schwarze

Löcher miteinander kollidieren. Zwei gewaltige Riesensterne, die in sich zusammengestürzt sind, nachdem die Kernfusion in ihrem Inneren aufgehört hat, nach außen zu drücken und sie zu stabilisieren. Das Problem dabei ist aber, dass Schwarze Löcher unter den meisten Umständen unsichtbar sind. Es gibt also nichts zu sehen, was gedehnt und gequetscht wird. Man weiß auch meistens nicht, wo man nach ihnen suchen soll. Wir brauchen etwas beinahe ebenso kompaktes, aber noch sichtbares: Weiße Zwerge oder noch besser, Neutronensterne. Die besten Chancen, Gravitationswellen zu »sehen«, gibt es also bei Sternleichen-Kollisionen oder solchen, die kurz bevorstehen.

Das wussten auch Russell Hulse und Joseph Taylor. Die beiden entdeckten 1974 mit dem 300 Meter großen Arecibo-Radioteleskop den ersten Doppelpulsar, also ein Paar aus zwei Neutronensternen, die regelmäßige Radiowellenpulse ausstrahlen. Das war ein riesiger Glücksfall, denn um einen Pulsar zu beobachten, muss er genau die richtige Orientierung haben. Die Radiostrahlung wird gebündelt wie bei einem Leuchtturm nur an den magnetischen Polen des toten Sterns ausgesandt. Damit es zu dem Leuchtturmeffekt kommt, müssen die magnetischen Pole auch in einer anderen Richtung als die Drehachse des Sterns liegen UND der gebündelte Radiostrahl muss einmal während der Drehung genau in unsere Richtung zeigen, damit wir ihn auch beobachten können. Ein Doppelpulsar muss jetzt noch einen zweiten Neutronenstern als engen Begleiter haben, und wir müssen ihre Umlaufbahn von der Seite her sehen, um die Bewegung überhaupt messen zu können. Das ganze System braucht genau die richtige Orientierung, alles muss genau zusammenpassen. Hulse und Taylor fanden so ein System, 21 000 Lichtjahre von uns entfernt, auf der anderen Seite der Galaxis.

Trotz seiner Distanz war der Doppelpulsar das ideale Objekt, um Gravitationswellen zu beobachten. Pulsare haben nämlich eine ganz besondere, sehr nützliche Eigenschaft: Ihre Pulse sind so unglaublich präzise, dass wir sie als Timer verwenden können. Damit konnten sie die Umlaufbahn der beiden Objekte extrem genau vermessen – genau genug, um den Effekt von Gravitationswellen zu beobachten. Zuerst bemerkten sie, dass die Radiosignale des Pulsars etwas zu schnell und dann etwas zu langsam ankamen, das aber extrem regelmäßig. Er kam auf uns zu und flog dann wieder von uns weg, musste sich also um einen anderen Stern herum bewegen, der aber nicht zu sehen war. Der Pulsar hatte einen zweiten, sehr kompakten und sehr nahen Begleiter. Wenn es nun die bis dahin nur theoretisch vorhergesagten Gravitationswellen tatsächlich gab, musste Folgendes passieren: Wie im Beispiel von Sonne und Erde sollte das Sternleichen-Paar Gravitationswellen abstrahlen und sich so im Laufe der Zeit aufeinander zubewegen. Dabei sollte ihre Umlaufzeit kürzer und kürzer werden, sie einander schneller und schneller umkreisen. Und genau das konnten Taylor & Hulse dank der super-exakten Radiopulse des Pulsars nachweisen. Es dauerte nur vier Jahre, bis sie tatsächlich eine Veränderung in der Umlaufzeit der beiden Neutronensterne sahen. Die Umlaufzeit nahm ab, und zwar genau so, wie es die Relativitätstheorie für Gravitationswellen vorhergesagt hatte. Hulse & Taylor bekamen dafür 1993 den Physiknobelpreis.

Die Beobachtungen passten also sehr gut dazu, dass es Gravitationswellen gibt. Das war aber noch nicht der Nachweis, dass sie auch tatsächlich existieren. Dazu müssten wir das Gewobbel des Raums auf der Erde messen. Wenn es sie gibt, müssten die Schwingungen des Raums früher oder später aus allen möglichen Richtungen auf die Erde zu- und durch uns durchrauschen, und dann sollte man sie messen können.

Diesen oder einen sehr ähnlichen Gedanken musste auch Joe Weber gehabt haben. Er unternahm in den 1960er Jahren die ersten Versuche, Gravitationswellen direkt zu detektieren. Webers Idee war, dass ein Aluminiumzylinder wie eine Glocke auf vorbeikommende Gravitationswellen reagieren sollte. Wenn die minimalen Vibrationen des Raums genau die richtige Frequenz hatten, würden sie durch Resonanz mit dem riesigen Zylinder verstärkt werden und so den ganzen Zylinder wie eine Glocke in Schwingung versetzen. Die Schwingungen könnten dann in ein elektrisches Signal umgewandelt und gemessen werden. Eine ziemlich geniale Idee. Der Zylinder musste natürlich in einer Vakuumkammer aufgehängt und so gut wie möglich von allen irdischen Vibrationen abgeschirmt werden. Weber hatte bei seinen Experimenten auch immer zwei Zylinder gleichzeitig am Start, die etwa 1000 km weit voneinander entfernt waren. Nur wenn beide gleichzeitig (bzw. innerhalb von ein paar Millisekunden) in der gleichen Stärke und Frequenz vibrierten, könnte es eine Gravitationswelle gewesen sein. Und tatsächlich: 1969, im Jahr der ersten Mondlandung, behauptete Weber, seine erste Gravitationswelle detektiert zu haben. Andere Gruppen machten sich sofort daran, sein Experiment nachzubauen. 1970 hatte er schon mehrere Male Gravitationswellen aus dem Zentrum der Milchstraße detektiert. So oft allerdings, dass die Milchstraße dadurch so viel Energie verlieren hätte müssen, dass es sie eigentlich gar nicht mehr geben dürfte. Kein gutes Zeichen. Doch Weber ließ sich von so einer Kleinigkeit nicht entmutigen. Bestimmt hätte er gerne all die Zweifler zum Mond geschickt. Doch stattdessen schickte er 1972 mit der letzten Apollo-Mission einen von ihm designten Gravitationswellendetektor zum Erdtrabanten. Der Lunar Surface Gravimeter sollte die Schwerkraft und ihre minimalen Veränderungen auf der Mondoberfläche ganz genau vermessen. Weber erhoffte sich dadurch natürlich, den direkten Beweis von Gravitationswellen zu erbringen. Keine schlechte Idee, denn die Stille des Mondes war die ideale Kulisse für so ein Experiment, fernab vom Lärm eines bewohnten und geologisch aktiven Planeten. Leider lieferte das Experiment nicht die gewünschten Resultate. Mitte der Siebziger hatte es noch immer keine der anderen Gruppen geschafft, Webers Ergebnisse zu reproduzieren. Die Milchstraße war noch immer nicht in sich zusammengestürzt und so war bald klar, dass seine Ergebnisse nicht echt sein konnten.

In der Zwischenzeit hatte Rainer Weiss eine andere Idee, wie man den schwer zu fassenden Wellen-Winzlingen auf die Spur kommen könnte. Frustriert von der Komplexität des Weberschen Experiments, das er nicht ganz verstand, überlegte der US-amerikanische Physiker, wie man sonst die minimale Verzerrung des Raumes messen könnte. Er hatte als Erster die Idee, das Licht selbst dafür zu verwenden. Er schlug vor, ein Interferometer zu konstruieren, mit dem die

Dehnung und Quetschung des Raumes gemessen werden konnte.

Das Prinzip eines Interferometers ist simpel: Es werden zwei Lichtwellen überlagert und so die verschiedenen Eigenschaften der Wellen gemessen*. Lichtwellen können sich dadurch verstärken oder auslöschen, je nachdem, wie bzw. wann genau sie aufeinander treffen. Es ist wie bei einer Schaukel. Wenn man im richtigen Moment anschubst, kann die Schaukel höher und höher schwingen. Genauso kann aber der Schubs im »falschen« Moment das Schaukeln auch verringern oder ganz stoppen. Beim Licht ist es ähnlich. Wenn sich Lichtwellen so treffen, dass sie genau übereinanderliegen, verstärken sie sich. Sind sie genau um eine halbe Wellenlänge verschoben, löschen sie sich aus.

Beim Gravitationswellen-Interferometer kann man so die Dehnung und Stauchung des Raumes messen. Wir erinnern uns an den gestauchten, eiförmigen Vollmond. Der Raum wird in eine Richtung kürzer und in die andere Richtung, genau im rechten Winkel dazu, wird er länger. Das heißt, wenn man zwei Lichtstrahlen genau im rechten Winkel aufeinander losschickt, an einem Spiegel reflektieren lässt und am Ausgangspunkt wieder zusammenbringt und überlagert, kann man messen, ob der Weg der beiden Lichtstrahlen genau gleich lang war, oder nicht. Würde nämlich eine Gravitationswelle durch das Interferometer laufen, wäre für den Bruchteil einer Sekunde ein Arm kürzer und der andere länger, und das abwechselnd in rasend schneller Abfolge, bis der Raum-Zeit-Tsunami wieder vorbei ist. Durch die un-

---

* Siehe auch Kapitel April.

terschiedliche Weglänge wären die Lichtwellen dann nicht mehr synchron, sondern zueinander verschoben und bei ihrer Überlagerung würde ein eindeutiges Muster entstehen.

Weiss schrieb seine Idee und das exakte Design in einem Laborbericht auf. Er veröffentlichte nicht mal einen offiziellen Artikel. Ihm war klar, dass kilometerlange Vakuumröhren notwendig waren, um überhaupt eine Chance zu haben, irgendetwas zu messen. Die Präzision der Messanlage müsste auf einen Bruchteil eines Protonendurchmessers genau sein. Es würde vermutlich Jahrzehnte dauern, um so ein gigantisches und dennoch genaues Gerät zu bauen. Noch dazu war seit Webers phantastischen Behauptungen die Suche nach Gravitationswellen etwas in Verruf geraten. Der Vorschlag, ein Gravitationswellen-Interferometer zu bauen, musste sich in etwa so anhören, als wolle man Einhörner im Märchenwald am Ende des Regenbogens finden, einfangen und in einem Zoo ausstellen.

Der theoretische Physiker Kip Thorn, ein Spezialist für Schwarze Löcher, der knapp 40 Jahre später das berühmte Schwarze Loch im Film *Interstellar* designen sollte, schloss sich Weiss an, und gemeinsam machten sie sich daran, Prototypen zu konstruieren und für den Bau eines großen Interferometers zu werben. Doch es gab Widerstand. Physiker:innen waren dagegen, weil ihnen Schwarze Löcher, die Hauptquelle potentieller Gravitationswellen, immer noch suspekt waren. Astronom:innen waren dagegen, weil mit dem vielen Geld für ein höchstwahrscheinlich ergebnisloses Experiment natürlich viel sinnvollere große Teleskope gebaut werden könnten. Geldgeber:innen waren dagegen, weil ein paar besessene Physiker Hunderte Millionen von Dollar für ein Experiment wollten, das ein noch nie gemessenes Signal nachweisen sollte und dafür Materiale, Laser- und Vakuumtechnologie benötigten, die erst noch erfunden werden mussten.

Nach beinahe zwei Jahrzehnten an Überzeugungsarbeit, Studien, Tests und Prototypen erhielten sie Anfang der 90er die Finanzierung, das *Laser Interferometer Gravitational-Wave Observatory* LIGO zu bauen. Es war nicht nur das gewagteste, sondern mit fast 300 Millionen Dollar auch das teuerste Projekt, das jemals von der staatlichen National Science Foundation finanziert wurde. Es war auch damals schon klar, dass die erste Version des Geräts vermutlich nichts finden würde: Es wäre quasi ein Prototyp in Lebensgröße, um die Materialien, Detektoren und Abschirmungssysteme so weit zu verfeinern, dass eine Detektion von Gravitationswellen vielleicht irgendwann möglich war. Das Projekt wurde trotz alledem genehmigt.

Es wurden zwei LIGO-Anlagen gebaut, die aus je zwei 4 Kilometer langen Vakuumröhren bestehen. Bei ihrem Bau musste die Krümmung der Erdoberfläche berücksichtigt werden, um sie gerade zu halten. Die Enden der Röhren liegen knapp einen Meter über dem Boden, während sich die Erdkugel unter ihnen wegkrümmt. Das Leerpumpen der riesigen Röhren hat 40 Tage gedauert und wurde auch nur einmal gemacht: bei ihrem Bau Ende der 90er Jahre. Seitdem halten sie das Vakuum stabil.

LIGO ging 2001 online und hat in seinem ersten Jahrzehnt tatsächlich keine Gravitationswellen gefunden. 2010 wurde das Gerät offline genommen und fünf Jahre lang mit Hilfe all der gesammelten Erfahrungen und gewonnenen

Erkenntnisse zu *Advanced* LIGO upgegraded. Und dann, am 14. September 2015, bevor der Betrieb der Maschine noch richtig losgegangen war, schlug die Welle ein.

Albert Einstein hat Gravitationswellen zwar 1916 vorhergesagt, war selbst aber kein großer Fan davon. Er war in der Tat sehr unglücklich damit. Einstein mochte nämlich Schwarze Löcher nicht, diese hässlichen Singularitäten in seinen schönen Gleichungen. Er glaubte auch nicht, dass diese Wellen jemals detektiert werden könnten, da sie einfach viel zu klein sind. Womit er natürlich auch recht hatte, konnte er doch nicht ahnen, zu welcher unglaublichen Präzision die Menschheit knapp hundert Jahre später in der Lage sein würde: Die Höhe der Wellen, die LIGO messen kann, ist ein Zehntausendstel des Durchmessers eines Protons. Das ist etwa so, als könnten wir die Entfernung zu unserem nächsten Nachbarstern Proxima Centauri (gut vier Lichtjahre), auf die Breite eines sehr dünnen menschlichen Haares genau messen. Die erste Gravitationswelle GW150914 war 10 Mal so groß, also ein leichtes Spiel für LIGO. Sie ist weiterhin die größte Gravitationswelle, die das Gerät gemessen hat. Trotzdem war die Dehnung und Quetschung des Raums, die die Welle verursacht hat, nur etwa 1 Teil in 10^{21}: eine 1 mit 21 Nullen. Das ist so, als würde die ganze Milchstraße nur um die Größe eines Menschen gestaucht werden.

An ihrem Ursprung aber, mehr als eine Milliarde Lichtjahre von uns entfernt, war die Welle nicht klein. Der Raum-Zeit-Tsunami enthielt eine unfassbare Menge an Energie. Dort kollidierten zwei Schwarze Löcher von jeweils etwa 30 Sonnenmassen miteinander, wobei in den letzten 20 Millisekunden vor der Kollision $3{,}6 \times 10^{49}$ Watt an Energie in den Raum gepumpt wurden. Das ist nicht nur eine unpraktikable Menge an Glühbirnen, Deckenstrahlern oder Kühlschränken, sondern etwa 50 Mal mehr Energie als die, die im Licht aller Sterne im beobachtbaren Universum steckt. Was bedeutet das? Sterne leuchten, weil sie ihre Masse in Energie umwandeln. Sie leuchten dabei zwar sehr hell, sind aber eigentlich sehr ineffizient im Umwandeln von Energie. Die Sonne zum Beispiel setzt jede Sekunde vier Millionen Tonnen ihrer Masse in Licht um. Das klingt enorm, ist aber nur ein ganz winziger Teil ihrer gesamten Masse von 10^{27} Tonnen. Darum gibt es unsere Sonne ja auch schon bzw. noch für viele Milliarden Jahre. Bei der Monsterkollision wurden nun nicht ein paar Millionen Tonnen, sondern drei ganze Sonnenmassen direkt in Energie umgewandelt und in Gravitationswellen gesteckt. Das ist 10^{22} Mal so viel wie das Leuchten eines normalen Sterns, und so viele Sterne gibt es im ganzen beobachtbaren Universum nicht.

Faszinierend ist auch, was das LIGO-Team sonst noch alles aus den Daten herauslesen konnte. Wir wissen zwar nicht, wo genau am Himmel das Signal von GW150914 herkam, aber wir wissen exakt, was sich in dieser weit weit entfernten Galaxie abgespielt hat. Aus der Form und Höhe der Wellen konnten wir die Umlaufzeit der Schwarzen Löcher, ihre Geschwindigkeit und ihren Abstand voneinander bestimmen. Die Richtung der Dehnung und Quetschung des Raums dreht sich nämlich genauso im Kreis wie die Schwarzen Löcher, die sie erzeugt haben. Während sich die Giganten umkreisen, dreht sich die Richtung des Raumzeitwobbelns mit ihnen. Aus der Frequenz der Welle – wie oft sich das Dehnen und Quetschen abwechseln – kann man direkt ablesen, wie schnell die Schwarzen Löcher einander umkreist haben müssen. Das war in dem Fall 75 Mal pro Sekunde, in einem Abstand von 350 km, was wiederum bedeutet, dass sie mit etwa 60 Prozent der Lichtgeschwindigkeit unterwegs waren, als sie schlussendlich kollidierten.

Könnte so etwas eigentlich auch in unserer eigenen Milchstraße oder sogar in der Nähe unseres Sonnensystems passieren? Natürlich. Nur ist es sehr, sehr unwahrscheinlich. Schwarze Löcher sind zwar gang und gäbe, aber sie sind selten. Es gibt einfach nur extrem wenige dieser Riesensterne, aus denen sie entstehen. Noch dazu müsste es ein Paar sein, dass sich schon seit geraumer Zeit umkreist, denn bis sie kollidieren, vergehen ja Milliarden von Jahren. Das nächste uns bekannte Schwarze Loch ist mehr als 1500 Lichtjahre von uns entfernt, also weiter weg als die meisten Sterne, die wir mit freiem Auge am Nachthimmel sehen. Nehmen wir aber einfach trotzdem mal an, zwei Schwarze Löcher würden in unserer Nachbarschaft kollidieren, sagen wir in einem Lichtjahr Entfernung. Das wäre dann etwa eine Milliarde Mal näher als das LIGO-Ereignis, und die Dehnung des Raums wäre auch eine Milliarde Mal stärker. Das Ergebnis: Die ganze Erde würde um einen hundertstel Millimeter gedehnt und gestaucht werden. Bei einem Menschen wäre es nicht mal ein hundertstel Nanometer, also nichts, was man als Grenzerfahrung bezeichnen würde.

Wie nah müsste man dran sein, um wirklich etwas zu spüren? Vermutlich so nah, dass man schon lange davor andere Probleme hätte, wie etwa bewusstlos machende Beschleunigung oder auch Gezeitenkräfte, die einen auseinanderreißen. Um zumindest einen Zentimeter gestaucht zu werden, müsste ein menschlicher Körper etwa 1000 km nah an die Kollision herankommen. Das wäre gerade 10 Mal der Schwarzschildradius der beiden Schwarzen Löcher – wahrhaft ein Platz in der ersten Reihe. Allerdings wäre der phänomenale Ausblick von dort nicht mehr zu genießen, denn die Beschleunigung innerhalb des Körpers, also der Unterschied in Anziehungskraft von Kopf bis Fuß, läge bei etwa 3000 g, also 3000 Mal die Erdbeschleunigung. Was wäre mit einer Entfernung, in der man noch nicht spaghettifiziert wird oder das Bewusstsein verliert? Ein paar Hunderttausend Kilometer Entfernung sollten dafür reichen, also etwa die Distanz Erde-Mond. Der Stauchfaktor durch Gravitationswellen wäre etwa 1/10 000, also noch immer nicht wirklich spürbar. Sollte man meinen. Es gibt aber ein Organ im menschlichen Körper, das sehr wohl auf die Wellen reagieren würde: unsere Ohren. Schall ist ja auch eine Welle und wie Gravitationswellen ein abwechselndes Dehnen und Stauchen, nur eben von Luft. Die Frequenz der Gravitationswellen läge perfekt in unserem hörbaren Bereich: die gemessene Frequenz von GW150 914 stieg in den letzten 0,2 Sekunden von 35 bis 250 Hz, als die Schwarzen Löcher einander schneller und schneller umkreisten. Das reicht von einem tiefen Basston bis zur Tonhöhe einer typischen menschlichen Sprechstimme. Und die Lautstärke? Unsere Erfahrungswerte zur Interaktion von Gravitationswellen mit einem menschlichen Trommelfell sind rar, aber wenn ein menschlicher Kopf um ein Zehntausendstel gedehnt und gestaucht wird, bewegt sich auch das Trommelfell um ein paar Nanometer. Das ist einwandfrei hörbar und würde einem nicht einmal das Gehör beschädigen. Und die Dauer von 0,2 Sekunden? Vergleichbar mit einer Silbe in normaler Sprechgeschwindigkeit (Deutsch, nicht Österreichisch) oder dem Beat in einem ordentlichen Heavy-Metal-Drum-Solo. Es könnte sich also in etwa so anhören, als würde jemand hinter einem schnell »wupp« sagen und dabei ganz tief anfangen und mittelhoch aufhören. Es ist schon ziemlich erstaunlich: Das Rütteln des leeren Raums selbst, das von zwei Schwarzen Löchern mit jeweils 30 Mal der Masse der Sonne erzeugt wird, die gerade zusammenstoßen und dabei mehr Energie in den Raum pumpen als alle Sterne im beobachtbaren Universum zusammen. Und ein Mensch, so weit davon entfernt wie der Mond von uns, würde es vermutlich als Plopp-Geräusch ohne weitere Hilfsmittel einfach durch den leeren Raum hören können. Und Sie dachten immer, es wäre vollkommen still im Weltraum.

Wir wissen zwar nicht, ob Gravitationswellen wirklich hörbar wären, aber sie geben uns tatsächlich eine Möglichkeit, das Universum zu »hören«, statt nur zu sehen. Es ist ein ganz neuer Sinn, der uns damit plötzlich zur Verfügung steht, und der nichts mit unserer bisherigen Art, das Universum zu erkunden, zu tun hat. Praktisch alles, was wir über die Vorgänge da draußen wissen, wissen wir durch das Licht, das wir mit Teleskopen und Instrumenten einsammeln und untersuchen. Bis jetzt. Denn nun haben wir ein Fenster geöffnet, durch das wir nicht nur ganz andere Dinge »sehen«, sondern zum Beispiel auch durch Dinge hindurch»schauen« können. Gravitationswellen lassen sich nicht von normalen Dingen aufhalten so wie Licht. Alles, was für uns bisher undurchschaubar, also im wahrsten Sinne des Wortes undurchsichtig war, liegt uns jetzt offen – zumindest theoretisch. Nur so kann auch die frühe Kindheit unseres Universums »beobachtet« werden. Mit Licht kommen wir nur bis etwa 400 000 Jahre an den Urknall heran, bis zur kosmischen Hintergrundstrahlung. Davor war das ganze Universum so heiß wie ein Stern und damit undurchsichtig. Nicht aber für Gravitationswellen. Wir könnten rein theoretisch das Rütteln des Urknalls selbst beobachten, oder zumindest die Gravitationswellen der kosmischen Inflation, also der extrem beschleunigten Ausdehnung des Universums ganz am Anfang.

Alles, was wir dazu brauchen, sind größere Detektoren, also zum Beispiel ein Interferometer mit längeren Armen, wie das geplante Weltraum-Interferometer LISA[32]. In der geplanten Konfiguration würde LISA die Gravitationswellen von zwei verschmelzenden Schwarzen Löchern wie GW150 914 schon etwa 1000 Jahre, bevor sie zusammenstoßen, detektieren, und nicht erst den Bruchteil einer Sekunde davor. Was wir mittlerweile aber auch können, ist, andere Himmelskörper als Messstationen zu verwenden: Pulsare, die exaktesten Uhren des Universums. Mit unseren Pulsar Timing Arrays überwachen wir die Pulsfrequenz von Neutronensternen überall in unserer Galaxie und warten auf minimale Änderungen, die durch vorbeirauschende Gravitationswellen verursacht werden. Damit haben wir ein galaxienweites System zur Messung von Gravitationswellen geschaffen. Gravitationswellen, die von den unterschiedlichsten Objekten erzeugt werden. Von Sternleichen über supermassereiche Schwarze Löcher in fernen Galaxien, bis hin zur Expansion des Raums selbst. Wie die einzelnen Instrumente in einem kosmischen Orchester, spielen sie alle zusammen eine gigantische Symphonie. Und wir können ihnen ab sofort dabei zuhören.

Wie Albert Einstein wohl am Morgen des 14. Septembers reagiert hätte? Die Reaktion von Rainer Weiss war nach eigenen Angaben ein »Oh my God«, so laut, dass seine Familie herbeigelaufen kam, um zu sehen, was passiert war. Zwei Jahre später bekam er dafür gemeinsam mit Kip Thorne und Barry Barish den Physik-Nobelpreis für seinen entscheidenden Beitrag zur Detektion von Gravitationswellen.

Oktober

Supernovae & Dunkle Energie

Wie wir von den hellsten Dingen auf die ganz dunklen kommen

10

Im Oktober wird es endlich wieder früher dunkel. Astronominnen und Astronomen lieben ja die Dunkelheit. Wir lieben aber natürlich auch das Licht, denn ohne Licht wüssten wir nichts vom Universum. Wir wollen das Licht nur auf möglichst dunklem Hintergrund haben. Am liebsten ist uns sehr, sehr helles Licht auf sehr, sehr dunklem Hintergrund. Das kommt nicht oft vor, aber wenn es so weit ist, lassen wir gern alles liegen und stehen: auch die Teleskope, mit denen wir gerade versuchen, dem Universum seine Geheimnisse zu entlocken. Wenn das helle Licht kommt, ignoriert man an den großen Teleskopen auf der Erde, was gerade beobachtet wird, nur um sie sofort auf den Ursprung des hellen Lichtes auszurichten: eine Supernova-Explosion. Wieder mal hat ein Stern das Ende seines Lebens erreicht, und da wollen wir dabei sein. So eine Supernova kann natürlich das ganze Jahr über passieren, aber genau am 9. Oktober war es tatsächlich das letzte Mal so weit: eine Supernova ist in der Milchstraße explodiert. Und wenn Sie jetzt denken: *»Was, schon über ein Jahr ist es her, dass der letzte Stern in der Milchstraße explodiert ist?«* – weit gefehlt. Es war der 9. Oktober 1604.

Vor 420 Jahren war SN 1604 die letzte Supernova in der Milchstraße, die zweifelsfrei beobachtet wurde, und zwar von niemandem Geringeren als dem großen Astronomen Johannes Kepler. SN 1604 wird oft Keplers Supernova genannt, obwohl der gute Kepler sie gar nicht als Erster beobachtet hat. Sie wurde am 9. Oktober von italienischen Astronomen entdeckt und kurz darauf auch in China und anderen Teilen Asiens beschrieben. Die Supernova war mit -2.5 Magnituden weit heller als die hellsten Sterne am Himmel und in etwa so hell wie Jupiter bei seiner maximalen Helligkeit. Kepler hat sich die Namensgebung der Supernova aber trotzdem verdient. Er hat im folgenden Jahr den Lichtpunkt ganz genau verfolgt, vermessen und alles minutiös aufgezeichnet. Er hat sogar ein eigenes Buch über die Supernova geschrieben, in dem er nicht nur seine eigenen, sondern lobenswerterweise auch die Beobachtungen anderer Leute sorgfältig gesammelt und zusammengefasst hat: Es trägt den schönen Namen: *De Stella Nova in Pede Serpentarii*, also »Über den neuen Stern im Fuß des Schlangenträgers«. Keplers Beobachtungen waren für damalige Verhältnisse außerordentlich gut. Er konnte die Position des »neuen Sterns« auf etwa eine Bogenminute genau bestimmen. Das ist ein Dreißigstel des Monddurchmessers, also richtig wenig. Und das alles ohne Teleskop, denn das sollte erst vier Jahre später vom niederländischen Optiker Hans Lippershey erfunden werden. Eine Bogenminute ist in etwa das Auflösungsvermögen des menschlichen Auges. Kepler hat also wirklich so gut geschaut, wie es vor der Erfindung des Teleskops nur ging.

Doch er war damals nicht der Erste, der ein Buch über eine Supernova geschrieben hat. Gut 30 Jahre davor hat der dänische Astronom Tycho Brahe seine Beobachtungen einer noch helleren Supernova veröffentlicht: SN 1572, die Anfang November 1572 am Himmel erschien. Das Buch hieß

De nova et nullius aevi memoria prius visa stella: »Über einen neuen und nie zuvor in niemandes Leben oder Erinnerung jemals gesehenen Stern«. Die Titel wissenschaftlicher Publikationen sind auch nicht mehr das, was sie einmal waren. Allerdings war nicht nur der Titel ein clickbait-würdiger Aufreger, sondern seine Ergebnisse tatsächlich revolutionär. Tycho verglich seine Beobachtungen auch mit denen anderer Gelehrter und konnte bald feststellen, dass sich der neue Stern nicht bewegte. Damit musste der Lichtpunkt zumindest weiter als der Mond entfernt sein, denn der bewegt sich ja deutlich vor dem Sternenhimmel, sogar schon im Laufe einiger Stunden. Nach ein paar Monaten hatte sich der Lichtpunkt immer noch nicht bewegt, er musste also auch weiter entfernt sein als die Planeten, denn sogar die weit entfernten äußeren Planeten Jupiter und Saturn* zeigen eine deutliche Bewegung im Lauf der Monate. Das war ein Riesenergebnis, denn bis dahin galt die Aristotelische Lehrmeinung des unveränderlichen, ewigen Sternenhimmels. Darum hielten andere Beobachter den Lichtpunkt auch für ein Objekt in Erdnähe. Nicht so Tycho, der die Beobachtungen richtig interpretierte und das damals Undenkbare dachte: Das helle Ding musste so weit weg wie die Sterne und deshalb auch ein Stern sein, ein *neuer* Stern. Er nannte es darum *Nova*.

Und dann, nur 32 Jahre später, kam gleich die zweite Supernova, Keplers Supernova. Kepler hatte also großes Glück, denn »seine« Supernova war die zweite, die in nur einer Generation sichtbar war. Und nicht nur Kepler hatte Glück, denn die beiden Sternexplosionen waren von unschätzbarer

* Die anderen beiden, Uranus und Neptun, waren noch nicht entdeckt worden.

Bedeutung für die Entwicklung der Astronomie. Sie waren quasi ein Katalysator, der die Notwendigkeit systematischer und präziser Beobachtung der Sterne etablierte und die Entwicklung neuer Instrumente beschleunigte. Darüber hinaus kam die plötzliche Öffnung ungeahnter Möglichkeiten. Die ewige unveränderliche Sphäre der Sterne war anscheinend weder ewig noch unveränderlich. Plötzlich konnte dort alles Mögliche passieren, zum Beispiel eben auch neue Sterne auftauchen oder entstehen. Dass es sich dabei um genau das Gegenteil handelte, nämlich das Ende eines Sterns, war ihnen natürlich nicht klar, aber das war damals eigentlich auch nebensächlich.

Wie ungewöhnlich war diese Doppel-Supernova in einer Generation? Wie viele Supernovae sind davor schon in der Milchstraße explodiert? Wir wissen es nicht genau, aber viele können es nicht gewesen sein. Aus dem ersten Jahrtausend unserer Zeitrechnung gibt es drei gut belegte Kandidaten für relativ nahe gelegene Supernova-Explosionen. Sie sind alle sogenannte *Gaststerne*: sehr helle und sehr plötzlich am Himmel erschienene Sterne, die in antiken chinesischen Aufzeichnungen beschrieben wurden. Ihre Existenz und ihre Eigenschaften können wir also nur aus den oft bruchstückhaften und leicht missverständlichen Beschreibungen Tausende Jahre alter Texte ableiten. Wir wissen, dass die Leuchterscheinungen am Himmel sehr helle Punkte waren, die teilweise am Tag und insgesamt mehrere Monate zu sehen waren. Das passt gut zu einer Supernova, könnte aber auch was anderes gewesen sein, wie zum Beispiel ein großer, aber weit entfernter und darum unbeweglich erscheinender Komet.

Die erste gesicherte Beobachtung einer Supernova ist SN 1006. Wie der Name schon sagt, fand dieses Event im Jahr 1006 statt und war das vermutlich hellste interstellare Ereignis, das jemals beobachtet wurde, mit oder ohne Teleskop. Mit einer Helligkeit von -7.5 Magnituden war der Lichtpunkt am Himmel etwa drei Magnituden heller als Venus, also 15 Mal so hell, wie uns unser Morgen- und Abendstern maximal entgegenstrahlt. Die Supernova wurde überall auf der Welt beobachtet. Es gibt Aufzeichnungen von Schweizer Mönchen in St. Gallen, von Gelehrten in Ägypten, aus dem Iran und China. Diese Supernova muss irrsinnig beeindruckend gewesen sein: extrem hell, auch leicht tagsüber am Himmel zu sehen und nach Sonnenuntergang sehr nahe am Horizont, also gut in unserem Blickfeld, auch ohne den Kopf zu heben. In manchen Aufzeichnungen wird berichtet, dass der Punkt so hell war, dass er einen Schatten warf. Außerdem habe er Funken gesprüht. Was wie ein Hirngespinst oder zumindest dramaturgische Übertreibung klingt, ist leicht zu erklären: Durch seine Nähe zum Horizont muss der strahlende Lichtpunkt wie wild in allen Farben gefunkelt haben. Denn je heller der Stern und je mehr Luft das Licht durchquert, desto stärker wird sein Funkeln. So ist es auch bei Sirius, dem hellsten Stern am Himmel, oft zu sehen, wenn er an sternenklaren Winterabenden am Südosthorizont aufgeht. Nur war SN 1006 etwa 250 Mal so hell wie Sirius – ein fulminantes Spektakel von einem Sternsprüher.

Wiederum nur knapp 50 Jahre später kam es dann auch gleich zu einer weiteren, ebenfalls sehr hellen und gut dokumentierten Supernova: Am 4. Juli 1054 explodierte ein Riesenstern im Sternbild Stier, beziehungsweise kam das Licht dieser Sternexplosion zu dem Zeitpunkt bei uns an. Jetzt, also mittlerweile fast tausend Jahre später, können wir an der Stelle der Explosion schon mit einem kleinen Teleskop den wunderschönen Krebsnebel beobachten.

Und dann kamen auch schon Tychos und Keplers Supernovae, SN 1572 und SN 1604. Und danach: nichts mehr. Was wir aber mittlerweile mit unseren großen Teleskopen gut beobachten können, ist das, was von diesen Explosionen übrig geblieben ist: Supernova-Überreste. Und davon gibt es jede Menge in der Milchstraße. Die meisten von ihnen sind zwar schon viele Tausende Jahre alt, doch nicht alle: Es gibt zwei Überreste, die noch ziemlich jung sind. Da ist zum einen Cassiopeia A, die nach der Sonne hellste Radioquelle am Himmel, die als Supernova-Explosion um das Jahr 1690 auf der Erde hätte aufleuchten sollen, von der es aber keinerlei Aufzeichnungen gibt. Und zum Zweiten der Supernova-Überrest G1.9+0.3, die jüngste nicht beobachtete Supernova in der Milchstraße. G1.9+0.3 wurde auch in Radio-Beobachtungen entdeckt und dürfte nur etwas mehr als hundert Jahre alt sein. Das Licht der Supernova-Explosion sollte also um das Jahr 1900 auf der Erde angekommen sein. Warum haben wir die beiden Supernovae nicht gesehen? Vermutlich weil zu viel dazwischenlag. Vor allem bei G1.9+0.3 ist das die wahrscheinlichste Erklärung, da sie in der Nähe des galaktischen Zentrums liegt und da einfach zu viel Staub und Gas im Weg ist, um uns einen klaren Blick auf die Gegend zu ermöglichen. Bei Cassiopeia A gibt es noch eine andere Möglichkeit: Es könnte gar keine richtige Supernova gewesen sein, weil der gigantische Monsterstern schon vor der Explosion so viel Material in den Weltraum hinausgeblasen hat. Möglicherweise war es eine sogenannte *failed Supernova,* also das Ende eines Riesensterns ohne große Explosion*.

Sogar in unserer Nachbargalaxie haben wir vor nicht allzu langer Zeit eine Supernova beobachtet: *S Andromedae* aus dem Jahr 1885. Es war die erste und bisher auch einzige Supernova, die wir in der Andromedagalaxie beobachten konnten. Es war auch die erste extragalaktische Supernova, also die erste Beobachtung einer Sternexplosion in einer anderen Galaxie. Und das kurioserweise noch bevor wir wussten, dass es andere Galaxien überhaupt gab. 1885 war noch nicht klar, was die verwaschenen Nebelchen am Himmel, die wir heute Galaxien nennen, eigentlich waren. Und deren Beobachtung half, anders als man es vielleicht erwarten würde, auch nicht dabei, den Andromedanebel als andere Galaxie zu identifizieren; eher das Gegenteil war der Fall. Da ja zu dem Zeitpunkt auch in der Milchstraße noch keine Supernova beobachtet und genauer untersucht worden war, wusste niemand, was eine Supernova war. Es war nicht klar, wie hell und damit wie weit weg diese gigantischen Sternexplosionen sein konnten. Es erschien damals daher absolut absurd, dass eine einzige Sternexplosion so hell sein könnte, dass man sie in einer Entfernung sehen könnte, die eine andere Galaxie haben müsste. Was man damals kannte, waren sogenannte *Novae*, weniger gigantische, weniger helle Sternexplosionen. Man nahm daher an, dass S Andromedae eine solche Nova war. Ihre Helligkeit passte dann auch gut zur

---

* Siehe Kapitel März.

vermeintlichen Position des Andromedanebels am Rand der Milchstraße. Die »Nova« war damals also ein Argument *gegen* die Existenz anderer Galaxien.

Supernova-Explosionen sind ausgesprochen selten. Aber sollte nicht trotzdem bald mal die nächste in unserer Nähe stattfinden? Wir wissen mittlerweile recht gut, wie lange Sterne leben, wie viele Sterne welcher Größe es gibt und wie oft einer der Giganten sein Leben aushaucht. Wir wissen, wie oft Supernovae in anderen Galaxien passieren, denn da haben wir ja schon viele beobachtet. Daraus können wir in etwa abschätzen, wie oft so eine Supernova in einer typischen, großen Galaxie stattfindet. Der Erwartungswert für eine Galaxie wie unsere Milchstraße liegt etwa bei einer Supernova pro Jahrhundert. Das heißt, die nächste große Sternexplosion ist definitiv überfällig. Wer wird es sein? Nein, nicht Beteigeuze, der Rote Riese im Sternbild Orion. Beteigeuze hat vermutlich noch etwa hunderttausend Jahre vor sich, wenn sie nicht überhaupt zu fett für eine Supernova ist*. Es wird auch kein anderer der Riesensterne sein, die wir am Himmel sehen, sondern mit ziemlicher Sicherheit ein Stern, den wir noch nicht kennen. Wir haben erst etwa 1 Prozent der Sterne in der Milchstraße beobachtet. Die anderen 99 Prozent kennen wir noch nicht. Und es ist einfach viel wahrscheinlicher, dass es einen der 99 Prozent zuerst zerreißt, als einen Stern aus dem einen Prozent, das wir schon untersucht haben.

Aber was, wenn es bald wirklich so weit ist, müssen wir uns fürchten? Könnte die Erde durch eine Supernova in Ge-

---

* Siehe Kapitel März.

fahr geraten? Die Milchstraße ist groß, und da Supernovae sehr selten sind, ist es viel wahrscheinlicher, dass die nächste Supernova ebenso weit von uns entfernt sein wird. Auch die Handvoll Supernovae, die in den letzten Jahrhunderten in der Milchstraße explodiert sind, waren alle mindestens 6000 Lichtjahre von uns entfernt. Aber was wäre, wenn eine Supernova in unserer direkten Umgebung stattfindet? Um tatsächlich einen lebensbedrohlichen Effekt auf die Erde zu haben, müsste sie in weniger als 1000 Lichtjahren Entfernung explodieren. Richtig schlimm wäre es vermutlich aber erst in weniger als 100 Lichtjahren Entfernung. Was würde passieren? Würden wir durch die Druckwelle von der Erdoberfläche gefegt werden? Würde die Erde von ihrem Mutterstern weggerissen und somit in den sicheren Tod in den Weiten des interstellaren Raums geschleudert? Nein, nichts dergleichen. Aber die starke Gammastrahlung der Explosion würde einen Großteil der Ozonschicht der Erde vernichten und damit die Erdoberfläche der lebensfeindlichen UV-Strahlung der Sonne ausliefern*. Es wäre also nicht direkt die Supernova, die uns umbringt, sondern in weiterer Folge unsere eigene Sonne. Wären wir noch näher an der Explosion dran, sagen wir in der Entfernung unseres nächsten Nachbarsterns, würden wir nach ein paar Jahrhunderten auch von der Explosion selbst eingehüllt werden und uns schließlich in einer Blase aus heißem Gas wiederfinden, die sich erst nach einigen Jahrtausenden wieder verflüchtigt. Die superschnellen, geladenen Gasteilchen, die wild mit unserem Magnetfeld wechselwirken, würden sicher schöne

* Siehe Kapitel Juni.

Polarlichter verursachen, zumindest solange unsere Atmosphäre noch da wäre. Aber keine Sorge! Wir kennen die Sterne im problematischen Abstand um uns herum, und da ist keiner dabei, der in den nächsten Jahrtausenden oder auch Jahrhunderttausenden explodieren wird. *Eine* Supernova ist aber auf jeden Fall mal sehr nah an uns dran explodiert: die, die vor mindestens 5 Milliarden Jahren die Entstehung der Sonne und der Planeten angestoßen hat und der wir unsere Existenz zu verdanken haben.

Warum wäre es aber trotzdem gut, wenn bald eine Supernova in unserer Nähe explodieren würde? Wir haben ja bisher keine Beobachtungen einer nahen Supernova mit einem Teleskop vorzuweisen. Wir haben zwar Keplers und Tychos Aufzeichnungen, aber keine Messwerte von modernen Teleskopen, keine Daten, die wir auswerten, uns noch mal genauer anschauen oder untersuchen können. Alles, was wir von diesen riesigen Sternexplosionen wissen, haben wir von Supernova-Beobachtungen in anderen, fernen Galaxien abgeleitet. Wo man natürlich keine Details sehen kann, denn nur in den allernächsten unserer Nachbargalaxien können wir überhaupt einzelne Sterne voneinander unterscheiden. Und das auch nur so eben und bei den größten Riesensternen, wenn sie nicht gerade von anderen Sternen in ihrer Nachbarschaft oder im Vorder- oder Hintergrund überlagert werden. Wir kennen natürlich viele Supernova-Überreste in unserer Milchstraße, wunderschöne bunte Gaswolken, die vom zerfetzten Stern übrig geblieben sind, aber wir waren noch nie bei der eigentlichen Explosion mit einem Teleskop live dabei.

Und trotzdem basiert genau auf dem Verlauf dieser Explosionen die gesamte extragalaktische Astronomie. Die nächste Supernova, die wir tatsächlich mit modernen Teleskopen untersuchen konnten, war SN 1987A, eine Supernova in der großen Magellanschen Wolke, einer kleinen Nachbargalaxie der Milchstraße. Diese Supernova war trotz ihrer Entfernung von 168 000 Lichtjahren auch tatsächlich mit freiem Auge sichtbar. Allerdings war sie der falsche Typ von Supernova. Bei SN 1987 A handelte es sich um eine Supernova Typ II, eine »normale« Supernova, also die Explosion eines gigantischen Riesensterns am Ende seines kurzen Lebens: Wenn die letzte Phase der Kernfusion in seinem Inneren versiegt, dadurch der Druck nachlässt und das ganze Gewicht des Sternenmaterials zum Kollaps des Sternenkerns und in weiterer Folge zur fulminanten Explosion des Sterns führt. Diese Art der Supernova passiert aber bei allen möglichen, hauptsache sehr massereichen, aber eben verschieden großen Sternen. Das ist natürlich auch interessant, aber noch interessanter sind die Supernovae, die immer genau gleich ablaufen: Supernovae vom Typ Ia*. Die Entfernungen der Galaxien, die Expansion des Universums und die Entdeckung der Dunklen Energie beruhen alle auf der Helligkeit dieser ganz bestimmten Art von Supernova-Explosion.

Keplers Supernova vom Oktober 1604 war genau dieser Typ. Seine Messungen waren so präzise, dass es über 300 Jahre später, Anfang der 1940er Jahre, dem Astronomen Walter Baade gelang, auf Grund von Keplers Koordinaten den Überrest der Sternexplosion zu finden. Der explodierte

---

* Die Erklärung kommt ein paar Zeilen weiter unten.

Stern war irgendwo zwischen zehn- und zwanzigtausend Lichtjahren von uns entfernt. Aus genaueren Untersuchungen der chemischen Zusammensetzung des Supernova-Überrestes konnte bestätigt werden, dass es sich um eine Supernova Typ Ia gehandelt hatte. Kepler hatte auch die Helligkeit der Supernova und ihren Verlauf über die gesamte Dauer ihrer Sichtbarkeit, etwa ein Jahr lang, genau gemessen. Daraus konnte die Lichtkurve der Supernova rekonstruiert werden, die ebenfalls sehr gut zu einer Supernova Typ Ia passt.

Eine Supernova Typ Ia entsteht aus einem Weißen Zwergstern und einem nahen Begleiterstern, meist ein Roter Riese. Es ist also ein Sternenpaar aus zwei ganz gewöhnlichen Sternen, allerdings ist einer davon schon tot und einer noch am Leben. Damit es zur Supernova kommt, müssen die beiden Sterne nur nah genug aneinander dran sein. So nah, dass der eigentlich schon tote und sehr kompakte Weiße Zwerg tatsächlich Material von dem anderen Stern anziehen und quasi absaugen kann. Das geht umso leichter, je größer und lockerer gebaut der andere Stern ist. Darum ist der Begleiter meist ein Roter Riese, ein aufgeblähter Stern, dessen äußere Schichten nicht mehr so stark an den Rest des Sterns gebunden sind und darum leicht zum Weißen Zwerg rüberwechseln können. Der Zwerg bekommt also immer mehr Material vom Roten Riesen, das auf die kompakte Sternleiche einprasselt. Und irgendwann ist es dem Weißen Zwerg dann zu viel. Irgendwann ist die Grenze erreicht, bei der er dem Gewicht des ganzen Materials nicht mehr standhalten kann, und es kommt zur Explosion. Diese Supernova passiert immer genau an der gleichen Stelle: bei der Grenzmasse, die ein Weißer Zwerg haben kann, bis er dann unter seinem eigenen Gewicht kollabiert und explodiert. Darum hat die resultierende Supernova immer die gleiche Helligkeit und nimmt auch einen ganz bestimmten Verlauf. Sie explodiert und verblasst wieder auf eine immer sehr ähnliche Art. Supernovae vom Typ Ia sind dadurch gut zu identifizieren und haben eine bekannte Helligkeit. Für die Astronomie ist das ein Geschenk. Denn so kann man mit der beobachteten scheinbaren Helligkeit ziemlich leicht auf die Entfernung der Supernova und damit die Entfernung der Galaxie schließen, in der sie sich befindet. Supernovae vom Typ Ia sind die wichtigsten Standardkerzen der Astronomie und das Rückgrat der extragalaktischen Entfernungsbestimmung. Durch sie wissen wir, dass das Universum expandiert und wie schnell es expandiert. Durch sie wissen wir auch, dass der Großteil des Universums nicht nur unsichtbar, sondern mit einer uns komplett unbekannten Art von Energie gefüllt ist: der Dunklen Energie.

Die Entdeckung der Dunklen Energie vor 25 Jahren war eine unabsichtliche und vollkommen unerwartete. Ende der 90er Jahre waren zwei unabhängige Forschungsteams im Wettstreit und damit beschäftigt, die Expansion des Universums zu vermessen. Es waren das *High-Z Supernova Search Team* und das *Supernova Cosmology Project*, die beide mit Hilfe von Typ Ia Supernovae die Distanzen von weit entfernten Galaxien bestimmen wollten. Wir wussten zu dem Zeitpunkt natürlich schon lange, dass sich das Universum ausdehnt. Wir wussten auch, wie schnell es sich jetzt ausdehnt, aber wir wussten nicht, wie schnell es sich früher ausgedehnt hatte. Die Annahme war, dass sich das Universum im Lauf seiner Geschichte immer langsamer ausdehnen würde. Es hatte im Urknall sehr schnell zu expandieren begonnen und würde mit der Zeit durch die gegenseitige Anziehungskraft all der Galaxien immer langsamer werden müssen. Die Frage war nur, ob und vor allem wann es zu einer Umkehrung der Expansion kommen würde. Wann wird das Universum seine maximale Ausdehnung erreicht haben? Wird es irgendwann umdrehen und wieder kleiner und kleiner werden? Oder wird es zwar langsamer und langsamer, aber trotzdem in alle Ewigkeit weiterexpandieren? Das wollten die beiden Forschungsteams herausfinden. Doch das Ergebnis[33] war ein völlig anderes und ein völlig unerwartetes: Die Supernovae in fernen Galaxien waren weniger hell, als sie sein sollten. Sie waren weiter weg, als sie sein sollten. Und da wir die fernen Galaxien ja auch früher im Universum sehen, weil ihr Licht so lang bis zu uns braucht, heißt das: Das Universum muss sich immer schneller und schneller ausdehnen! Damit hatte wirklich niemand gerechnet. Anstatt mit der Zeit langsamer zu werden, dehnt sich das Universum ohne Grund einfach immer schneller und schneller aus. Dem fehlenden Grund haben wir den Namen »Dunkle Energie« gegeben.

Was wissen wir über die Dunkle Energie? Nicht viel, ja eigentlich sogar noch weniger als über ihre unsichtbare Schwester, die Dunkle Materie. Das ist auch das Einzige, was die beiden miteinander gemeinsam haben: dass wir bei beiden nicht wissen, was sie eigentlich sind. Das Problem ist, dass wir die Dunkle Energie nicht aus der Nähe untersuchen können, weil in unserer Nähe so wenig davon da ist. Die Expansion des Universums ist ja extrem langsam, so langsam, dass sie nur auf extragalaktischen Distanzen ins Gewicht fällt. Alle Kräfte, die wir kennen, sind wesentlich stärker als die Expansion des Raums. Der Zusammenhalt zwischen Atomen, die Kräfte, die innerhalb der Materie wirken, sowieso, aber auch die eigentlich schwache Gravitationskraft ist auf »kleinen« Skalen noch viel stärker. Darum expandiert der Raum um uns herum, zwischen den Planeten oder auch zwischen den Sternen in der Milchstraße überhaupt nicht. Erst wenn die Anziehungskraft über intergalaktische Distanzen schwächer und schwächer geworden ist, kann die Dunkle Energie greifen und das Universum auseinanderdrücken. Und sie hat noch eine ganz besondere Eigenschaft: Dunkle Energie lässt sich nicht ausdünnen. Der Raum dehnt sich aus, aber die Dunkle Energie wird dabei nicht weniger dicht. Die Dunkle Energie wird bei der Expansion nicht weniger, sondern mehr. Ein Kubikmeter Raum hat immer die gleiche Menge an Dunkler Energie. Und wenn sich der Raum ausdehnt und der Kubikmeter sich verdoppelt, ist nachher auch doppelt so viel Dunkle Energie da. Sie entsteht quasi mit der Expansion des Raums und treibt diese Expansion immer mehr an. Je mehr Raum da ist, desto mehr Dunkle Energie gibt es und desto schneller wird die Expansion des Universums. Darum war die Dunkle Energie am Anfang des Universums auch noch nicht so wichtig, weil es noch nicht so viel Raum und damit auch nicht so viel Dunkle Energie gab. Erst nach etwa zehn Milliarden Jahren – also vor noch nicht allzu langer Zeit – hat die Dunkle Energie überhandgenommen, und die Expansion beschleunigt sich seitdem. Diese Dunkle Energie ist anscheinend nicht etwas, das den Raum ausfüllt, sondern es ist eine Eigenschaft des Raums selbst.

Das ist zumindest die Vermutung, die unser bestes Modell der Entwicklung des Universums nahelegt: das *ΛCDM* – also *Lambda Cold Dark Matter* – Modell, in dem das Universum hauptsächlich aus Λ, der Dunklen Energie, und aus kalter Dunkler Materie besteht. Die normale, sichtbare Materie, aus der alles besteht, was wir kennen, macht in dem Modell nur ein paar Prozent aus, also so einen kleinen Teil, dass es nicht mal für eine Erwähnung im Namen gereicht hat. Mit dem ΛCDM-Modell können wir die Entstehung und Entwicklung der Galaxien über die letzten 13,7 Milliarden Jahre recht gut zurückverfolgen und beschreiben. Es funktioniert, aber wir wissen trotzdem nicht, was es mit diesem ominösen Λ auf sich hat. Erfunden wurde Λ von Albert Einstein, damals mit dem Ziel, das Universum konstant zu halten. Ohne Expansion (die damals noch unbekannt war) würde ein Universum, das mit Materie gefüllt ist, durch die Gravitation in sich zusammenfallen. Das wollte Einstein vermeiden und so schrieb er diese »kosmologische Konstante« in seine Gleichungen, dank der alles ewig gleich bleiben konnte. Die Idee war dann schnell nicht mehr ganz so populär, als wir herausfanden, dass sich das Universum offensichtlich ausdehnt. Aber seit der Entdeckung der beschleunigten Ausdehnung ist Λ wieder zum Leben erwacht und sorgt nun in unseren Modellen als Konstante allerdings nicht für Konstanz sondern für die zusätzliche Beschleunigung.

Es besteht aber auch eine gewisse Chance, dass die Dunkle Energie gar keine Konstante ist. Sie kann sich natürlich nicht einfach irgendwie im Lauf der Zeit wild verändern, aber es gibt in unseren Beobachtungen des Universums noch einen gewissen Spielraum dafür und auch schon gewisse, ganz dezente Hinweise darauf, dass sich die Dunkle Energie seit dem Urknall verändert haben könnte. Es sind die ersten Ergebnisse von *DESI*, dem *Dark Energy Spectroscopic Instrument*. DESI ist gerade dabei, die exakte Position und Entfernung von 40 Millionen Galaxien zu vermessen und damit die bisher beste 3D-Karte des Universums in Raum und Zeit anzufertigen. So können wir über die Positionen der Galaxien die Entwicklung der Expansion über die letzten elf Milliarden Jahre zurückverfolgen. Die ersten Ergebnisse stimmen ziemlich gut mit unserem ΛCDM-Modell überein. Aber es gibt eben auch noch innerhalb der Messungenauigkeit etwas Spielraum für ein Modell, in dem sich die Dunkle Energie leicht verändert. Warum sorgt das für Aufregung in der Kosmologie? Abgesehen davon, dass etwas Neues immer spannend ist, könnte eine veränderliche Dunkle Energie einige kosmologische Probleme lösen.

Kosmologische Probleme sind meist solche, von denen man nicht wusste, dass man sie hat. Aber sie sind trotzdem da, wie zum Beispiel das *fine-tuning*-Problem: Wenn die Dunkle Energie immer gleich bleibt, müsste sie ja schon von Anfang an genau den richtigen Wert gehabt haben, damit sich Strukturen, Galaxien, Sterne und damit auch Planeten und Lebewesen darauf so bilden konnten, wie sie es taten. Nur eine kleine Abweichung am Anfang hätte zu einem ganz anderen Universum geführt. Es gibt aber eigentlich keinen Grund dafür, dass die Dunkle Energie den für uns exakt richtigen Wert haben muss. Zur Erklärung gibt es das unbefriedigende Argument: »Wenn es nicht so wäre, gäbe es uns nicht und dann könnten wir diese Frage gar nicht stellen.« Doch wenn die Dunkle Energie sich ändert, könnte sie auch erst im Lauf der Zeit zu dem geworden sein, was sie jetzt ist und hätte nicht schon so früh so perfekt auf uns ge-*tuned*, also eingestellt sein müssen. Damit wäre das *fine-tuning*-Problem gelöst. Hm.

Noch viel stärker als auf den Beginn des Universums würde sich die veränderliche Dunkle Energie aber auf sein Ende auswirken. Im Moment sieht es so aus, als würde das Universum einfach immer schneller, immer weiter expandieren. Wenn die Dunkle Energie konstant ist, also immer gleich bleibt, ginge das auch immer so weiter. Es gäbe immer mehr davon im immer größer werdenden Raum. Irgendwann würde alles so schnell auseinanderfliegen, dass sogar das Licht der Expansion nicht mehr hinterherkommt. Im Endeffekt könnte es sogar zuerst Galaxien, dann Sterne und Planeten und schließlich die Materie selbst auseinanderreißen.

Das ganze Universum würde in einem *big rip* sein Ende finden. Ich weiß nicht, wie es Ihnen geht, aber ich finde das keine sehr erbauliche Vorstellung. Eine veränderliche Dunkle Energie könnte dem Universum so ein Schicksal ersparen, denn die auseinandertreibende Kraft könnte auch wieder kleiner werden oder gar versiegen.

Noch ist das alles Spekulation. Wir müssen auf weitere Ergebnisse warten. Aber nicht mehr lange, denn das nächste Projekt zur Erkundung der Expansion des Universums steht schon in den Startlöchern, beziehungsweise fliegt schon durch den Weltraum: das EUCLID-Weltraumteleskop, das ein sehr ähnliches Vorhaben hat wie DESI, nur ohne den störenden Effekt der Atmosphäre. Nach seiner sechsjährigen Mission wird EUCLIDs noch schärfere 3D-Karte des

Universums hoffentlich Klarheit über die Natur der Dunklen Energie schaffen.

Und wer weiß, vielleicht bekommen wir ja in der Zwischenzeit sogar noch die phänomenale galaktische Show einer Supernova in unserer Milchstraße geboten. So würden wir nicht nur die hellsten Dinge im Universum besser verstehen, sondern auch das dunkelste. Es wäre auf jeden Fall an der Zeit.

November

Neutrinoastronomie

Wie man dem Universum die Geister austreibt

11

Das Jahr neigt sich langsam dem Ende zu. Doch bevor es in der Weihnachtszeit noch mal gut beleuchtet und geschäftig wird, müssen wir durch den meist etwas tristen November durch. Kein Wunder, dass diese trübe Zeit oft der Introspektion oder dem Gedenken an Verstorbene gewidmet wird. Wir gedenken der Toten, erzählen einander Geistergeschichten oder verkleiden uns als Schlossgespenst. Die wahren Geister jedoch kommen aus dem Weltraum. Die Geisterteilchen des Universums stellen die Fähigkeiten jedes Spukwesens in den Schatten. Sie können nicht nur durch Wände gehen, sondern komplett ungestört durch einen ganzen Planeten durchfliegen. In wenigen Sekunden durchqueren sie einen riesigen Stern wie die Sonne, ohne dass sie dabei irgendwo anstoßen. Sie haben so gut wie keine Masse und fliegen mit annähernd Lichtgeschwindigkeit komplett unbeeindruckt durchs Universum. Und es gibt so unfassbare Mengen von ihnen, dass einem schwindelig wird: Jede Sekunde wird Ihr Körper von etwa 100 Billiarden dieser Geisterteilchen durchquert. Und trotzdem – oder gerade deswegen – erlauben sie uns, ins Innere von Sternen zu blicken oder Supernova-Explosionen vorherzusagen. Die Rede ist von Neutrinos.

Neutrinos sind unsichtbar, sie emittieren bei ihrer Bewegung kein Licht, keine Strahlung, doch trotzdem sind sie omnipräsent. Wie würde der Himmel aussehen, wenn wir Neutrinos sehen könnten? Es wäre alles voll von ihnen und sie würden von überall her kommen. Der Himmel wäre leuchtend hell, vielleicht wie der blaue Himmel an einem klaren kalten Herbsttag, von denen es im November leider nur wenige gibt. Wo kommen all die Neutrinos her? Sie werden von der kosmischen Strahlung in der Atmosphäre der Erde erzeugt. Auf jedes kosmische Neutrino, das seinen Ursprung tatsächlich im Weltraum hat, kommen etwa eine Million Neutrinos, die erst in unserer Atmosphäre entstehen.

Aber wie entstehen Neutrinos? Bei allen Arten von kernphysikalischen Prozessen: bei der Kernfusion und beim radioaktiven Zerfall. Im Grunde entsteht immer dann ein Neutrino, wenn ein Neutron in ein Proton umgewandelt wird oder umgekehrt. Das ist der sogenannte Beta-Zerfall, der Grundprozess der Radioaktivität. Woher wissen wir, dass es Neutrinos gibt, wenn sie unsichtbar sind und sich auch sonst nicht wirklich bemerkbar machen? Sie wurden lange vor ihrer Entdeckung vorhergesagt, denn die kleinen Gauner verrieten sich durch die Energie, die sie beim Beta-Zerfall davontragen. Wenn beim Beta-Zerfall ein Neutron spontan in ein Proton und ein Elektron zerfällt, sollte das Elektron eine ganz bestimmte Energie haben. Denn die gesamte Energie aller Teilchen, die an der Reaktion beteiligt sind, muss gleich bleiben. So war es aber nicht. In den Experimenten sah man, dass die entstehenden Elektronen alle möglichen Energien hatten. Wie konnte das sein? Es war der österreichische Physiker Wolfgang Pauli, der die Existenz eines zusätzlichen, winzigen und neutralen Teilchens vorhersagte, das die fehlende Energie mitgenommen hatte. Der Italiener Enrico Fermi gab dem Teilchen dann seinen Namen: Neutrino, das kleine Neutrale. Fermi entwickelte auch die entsprechende Theorie des Beta-Zerfalls. Er wollte sie auch gleich publizieren, doch sein Paper wurde von *Nature* als zu spekulativ erachtet und abgelehnt. Die Theorie wurde in Fachkreisen zwar als genial anerkannt, doch die Möglichkeit eines experimentellen Nachweises schien damals unmöglich. Das Neutrino galt als undetektierbar, da es so unglaublich unwahrscheinlich war, dass es mit irgendetwas anderem zusammenstoßen würde. Sein Wirkungsquerschnitt, also die Größe, die das Neutrino bei einem Zusammenstoß mit anderen Teilchen einnimmt, ist etwa zwanzig Größenordnungen kleiner als die eines typischen Atomkerns.

Doch davon ließen sich die Experimentalphysiker Clyde Cowan und Frederick Reines nicht abhalten. Ihnen gelang es nach einigen Versuchen im Jahr 1956, das Neutrino nachzuweisen. Der Name ihres Experiments: *Project Poltergeist*. Um das Neutrino zu erwischen, mussten sie so viele Neutrinos wie möglich erzeugen, sich also in die unmittelbare Nähe von so vielen Kernreaktionen wie möglich begeben. Zuerst wollten die beiden eine Atombombe als Neutrinoquelle verwenden, sie einigten sich dann aber glücklicherweise auf einen Atomreaktor. Ihre ersten Experimente starteten sie in der Nuklearfabrik Hanford, wo 60 Jahre später der LIGO-Detektor die ersten Gravitationswellen detektieren sollte*. Nach zwei Jahren siedelten sie ihr erfolgloses Experiment in die unterirdische Anlage des Savannah-River-Reaktors

---

* Siehe Kapitel September.

um, der besser gegen kosmische Strahlung abgeschirmt war. Nach ein paar Monaten hatten sie genug Daten gesammelt, um das Neutrino eindeutig nachzuweisen.

Wie gelang es Cowan und Reines, das winzige Neutrino zu detektieren? Ihr Neutrinodetektor namens »Herr Auge« bestand aus zwei Wassertanks und einem Gammastrahlendetektor dazwischen. Bei der Interaktion des aus dem nahegelegenen Kernreaktor kommenden Neutrinos mit den Wassermolekülen entstand Antimaterie. Dieses Positron zerstrahlt sofort mit dem nächsten Elektron zu Energie und erzeugt dabei Gammastrahlung, die wiederum mit einem entsprechenden Detektor und Photomultipliern beobachtet werden kann. Von den 10^{15} Neutrinos, die in dem Reaktor pro Sekunde und Quadratzentimeter erzeugt wurden, gelang es Cowan und Reines, drei Stück pro Stunde zu detektieren. Der daraus berechnete Wirkungsquerschnitt passte ziemlich genau zur theoretischen Vorhersage. Frederick Reines widmete den Rest seines professionellen Lebens der Erforschung von Neutrinos und erhielt fast 40 Jahre nach dem Experiment und drei Jahre vor seinem Tod den Nobelpreis dafür. Sein Kollege Clyde Cowan sollte die späte Ehrung nicht mehr erleben.

Neutrinos interagieren also nicht so gern mit anderer Materie. Billionen von ihnen durchqueren jede Sekunde jeden Quadratzentimeter der Erdoberfläche – und natürlich auch die meisten anderen Quadratzentimeter des Universums. Wollte man sichergehen, dass ein Neutrino mit einem anderen Teilchen kollidiert, müsste man es eine 1000 Lichtjahre dicke Bleiplatte durchfliegen lassen, rein statistisch gesehen. Dementsprechend haben wir auch noch nicht so viele Neutrinos von außerirdischen Quellen auf der Erde detektiert. Es gibt eigentlich nur zwei Objekte, von denen wir eine signifikante Menge an Neutrinos auf der Erde nachgewiesen haben.

Das erste ist unser eigener, privater Kernfusionsreaktor am Himmel, die Sonne. Dutzende Milliarden Neutrinos der Sonne treffen pro Sekunde pro Quadratzentimeter auf die Erde. Detektiert haben wir davon ein paar Tausend. Im Jahr 1998 hat der Super-Kamiokande-Neutrinodetektor in Japan ein besonderes Bild der Sonne aufgenommen[34]: Dafür wurden die Neutrinos der Sonne 500 Tage lang gesammelt, aber nicht nur am Tag, sondern genauso nachts, weil Tageszeiten den Neutrinos egal sind. Das Bild wurde also quasi durch die Erde hindurch aufgenommen, aber eben nicht mit Licht, sondern mit Neutrinos.

Durch die Beobachtung der Sonnenneutrinos wissen wir auch, dass Neutrinos eine gewisse, wenn auch winzige Masse haben müssen. In den frühen Experimenten wurde nämlich nur etwa ein Drittel der Neutrinos detektiert, die eigentlich von der Sonne her zu uns kommen und in unseren Experimenten aufscheinen müssten. Bis dann entdeckt wurde, dass es verschiedene Arten von Neutrinos gibt, die sich ineinander verwandeln können, ganz wie sie wollen. Typisches Verhalten für einen Poltergeist also. Doch die Verwandlung funktioniert nur, wenn die drei Neutrinoarten nicht alle die gleiche Masse haben, was wiederum heißt, *dass* sie eine Masse haben müssen.

Das zweite Objekt, von dem wir definitiv Neutrinos detektiert haben, ist die Supernova SN 1987A, die nächstgelegene Supernova, die jemals in der Geschichte der Menschheit mit einem Teleskop beobachtet wurde. Diese Supernova wurde 1987 in der großen Magellanschen Wolke, einer kleinen Nachbargalaxie der Milchstraße, beobachtet. Es war das Ende eines massereichen Sterns mit vermutlich zwanzig Sonnenmassen, also eine klassische Supernova, bei der der Kern des Sterns nach dem Versiegen der Kernfusion in sich zusammenfällt und eine gigantische Schockwelle erzeugt, die den Rest des Sterns auseinanderreißt. So eine typische Kern-Kollaps-Supernova produziert ungefähr 10^{58} Neutrinos. Eine Eins mit 58 Nullen. Und wie viele davon kamen bei uns an? 25 Neutrinos wurden innerhalb von wenigen Sekunden detektiert und das in allen Neutrino-Experimenten der Welt zusammen. Obwohl das nach einer lächerlichen Anzahl klingt, bildeten diese 25 Neutrinos die Basis einer neuen Disziplin: SN 1987A gilt als die Geburtsstunde der Neutrino-Astronomie.

Und dann gibt es noch ein paar Dutzend Neutrinos, die der einen oder anderen aktiven Galaxie oder weit entfernten Supernova-Explosion zugeordnet werden konnten. Dabei geht es teilweise wirklich um einzelne, super-hochenergetische Neutrinos, die bis zu ihrem Ursprung in einzelnen super-aktiven Galaxien im frühen Universum zurückverfolgt wurden. Diese einzelnen extragalaktischen Neutrinos sind natürlich faszinierend, aber wir müssen mehr davon detektieren, um auch mehr über die Phänomene zu erfahren, die sie erzeugen.

Wie können wir unseren kosmischen Poltergeistern auf die Spur kommen? Sie ziehen tatsächlich eine Art Spur hinter sich her auf ihrem Flug durch unsere Detektoren. Was wir sehen, ist jedoch nicht die Spur des Neutrinos selbst, sondern die Lichtspur eines Myons, das durch das Neutrino erzeugt wird. Das Myon ist so schnell, dass es einen Lichtkegel hinter sich herzieht: die sogenannte Tscherenkow-Strahlung. Es ist ziemlich ähnlich wie bei der Beobachtung von kosmischer Gammastrahlung*, nur eben unterirdisch. Die Gammastrahlenteleskope blicken nach oben, um nach dem Lichtblitz schneller Teilchen Ausschau zu halten, die bei der Interaktion der Gammastrahlen mit der Atmosphäre erzeugt werden. Gammastrahlung ist ja auch Licht, und das Licht interagiert sehr gern mit allem, was sich ihm in den Weg stellt. Nicht so die Neutrinos. Die lassen sich natürlich von der Luft nicht abhalten und brauchen schon etwas mehr Widerstand, um sie zum Interagieren zu bringen. Idealerweise sollte es etwas Schweres, Dichtes aber trotzdem Durchsichtiges sein, um den Lichtblitz auch sehen zu können: Wasser.

Moderne Neutrino-Detektoren sind also riesige, unterirdische Wassertanks. Billionen von Neutrinos rasen jede Sekunde durch das Wasser in den Tanks. Sollte jetzt eines davon das große Pech – oder für uns das große Glück – haben und mit einem Wassermolekül zusammenzustoßen, erzeugt es allerlei andere Teilchen, darunter auch besagte Myonen. Das sind elektronenartige, aber sehr schwere und kurzlebige Teilchen. Und diese Myonen sind so schnell, dass sie sich im Wasser schneller als das Licht bewegen. Das erzeugt eine Art Lichtkegel, den das schnelle Teilchen hinter sich herzieht. Die Teilchen überholen quasi ihr eigenes Licht und erzeugen so eine zusammengeschobene, kegelförmige Wellenfront, die sich ausdehnt. Trifft uns der Lichtkegel, sehen wir

---

* Siehe Kapitel Juni.

all das Licht auf einmal. So wie beim Überschallknall eines Flugzeugs, nur dass es bei Licht eben ein Blitz ist.

Wir detektieren Neutrinos also mit dem Überlichtblitz der Tscherenkow-Strahlung, des wahrscheinlich schönsten Lichts des Universums. Wenn Sie dieses ominöse, bläuliche Leuchten noch nie gesehen haben, machen Sie eine Führung in einem Schwimmbadreaktor. Das ist ein Versuchsreaktor, der in einem tiefen Wasserbecken versenkt ist, um die extrem schnellen Neutronen aufzuhalten, die in dem Reaktor erzeugt werden. Die Neutronen sind dabei ebenso überlichtschnell, also schneller als die Lichtgeschwindigkeit im Wasser, und erzeugen das geheimnisvolle, bläuliche Tscherenkow-Licht, zu dem man sich magisch hingezogen fühlt (zumindest mir geht das so, vielleicht sollte ich hier mal eine Umfrage starten). In einem Schwimmbadreaktor sind es schnelle Neutronen, die die Tscherenkow-Strahlung erzeugen; in einem Neutrinodetektor sind es nicht die Neutrinos selbst, sondern das, was erzeugt wird, wenn ein Neutrino doch das Pech hat, auf ein Atom zu knallen.

Das Wasser in den Detektoren ist nicht nur gut, weil es durchsichtig ist, sondern eignet sich auch perfekt, um Neutrinos abzufangen. Das Neutrino kracht dabei nicht in das ganze Wassermolekül, sondern nur in das einzelne Proton des Wasserstoffs, das an den Sauerstoff angedockt ist. Und ein einzelnes Proton hat einen recht simplen Interaktionsmechanismus mit dem Neutrino, der in seinem Ablauf gut vorherzusagen ist. Aber das Wasser des Detektors muss natürlich nicht flüssig sein. Eis funktioniert genauso gut. In der Tat ist der größte Neutrinodetektor der Welt ein ein Kubikkilometer großer Eisblock: Das *IceCube Neutrino Observatory* am Südpol. Für IceCube wurde natürlich nicht ein riesiger Eisblock in der Antarktis aufgestellt, sondern das reichlich vorhandene Eis vor Ort genutzt. IceCube besteht im engeren Sinn nicht aus Eis, sondern aus 5000 Sensoren in bis zu 2,5 Kilometern Tiefe. Dafür wurden mit heißem Wasser tiefe Löcher in das antarktische Eis gebohrt, in die dann schnell die Sensoren versenkt wurden, bevor das Eis wieder zufror. In jedem Loch wurden an einem langen Kabel 60 Sensoren in eine Tiefe von 1500 bis 2500 Metern gebracht und das auf einer Fläche von einem Quadratkilometer. Mit diesen gut abgeschirmten und hochempfindlichen Sensoren kann IceCube Neutrinos aller Art und von extrem hoher Energie einfangen.

Aber woher wissen wir bei der Methode, wo genau ein detektiertes Neutrino herkam? Das Praktische an Myonen ist, dass sie sehr schwer sind und daher die Flugbahn des ursprünglichen Neutrinos beibehalten. Sie leben zwar nur für ein paar Mikrosekunden, bevor sie weiter zerfallen, aber das reicht nicht nur für einen kurzen Lichtblitz, sondern sogar für eine kleine Lichtspur, deren Richtung gemessen werden kann. Wie weit es dabei kommt, sagt auch etwas über die Energie aus, die das Neutrino hatte. So können die Flugbahn und Richtung des ursprünglichen Neutrinos und auch seine Energie rekonstruiert werden. Und wenn wir die Flugrichtung und die Energie des Neutrinos kennen, haben wir eine gute Chance zu bestimmen, woher es kam.

Warum aber sind wir überhaupt so heiß auf diese Neutrinos? Könnten uns die läppischen 25 Winzlinge einer nahen Supernova-Explosion nicht eigentlich egal sein? Warum bohren wir deshalb kilometertiefe Löcher ins antarktische

Eis? Ist das den ganzen Aufwand wirklich wert? Ja, denn Neutrinos verschaffen uns Zugang zu Prozessen und Phänomenen, die nicht beobachtbar sind, also deren Licht uns nicht erreichen kann oder die gar nichts mit Licht zu tun haben. Sie eröffnen uns ein komplett neues Fenster ins Universum. Neutrinos ermöglichen uns zum Beispiel, das Innere von Sternen direkt zu untersuchen. Neben der Beobachtung von Sternbeben* ist das der einzige Weg, in einen Stern »hineinzuschauen«. Das Licht wird zwar im Inneren der Sterne erzeugt, kommt aber nicht so leicht heraus. Ein Photon braucht dafür im Schnitt etwa hunderttausend Jahre. Und nach diesem Leidensweg ist es nicht mehr das Gleiche, denn es ist dauernd irgendwo abgeprallt, wurde absorbiert und wieder emittiert und verändert. Nicht so Neutrinos, die fliegen ungestört durch den Stern und in ein paar Sekunden aus dem Stern heraus. Wenn also irgendetwas im Kern der Sonne passiert, wüssten wir es dank der Neutrinos sofort.

Das Gleiche gilt auch für eine Sternexplosion. Durch Neutrinos bekommen wir extrem viele Informationen über das, was bei einer Supernova im Inneren des Sterns passiert. Und vor allem bekommen wir die Informationen schon, bevor wir überhaupt wissen, dass eine Supernova stattgefunden hat. Die Neutrinos verlassen die Sternexplosion Stunden vor dem Licht, wie die Ratten das sinkende Schiff. Neutrinos sind quasi ein Supernova-Frühwarnsystem. Dieses Frühwarnsystem gibt es tatsächlich. Es heißt *SNEWS*, SuperNova Early Warning System, und ist ein Netzwerk der großen Neutrino-Detektoren, mit dem vorrangigen

* Siehe Kapitel Juli.

Ziel, die nächste und schon lange überfällige galaktische Supernova* vorherzusagen. Der automatische Alarm ist seit 2005 eingerichtet. Wenn an mindestens zwei Detektoren innerhalb von zehn Sekunden vermehrt Neutrinos gemessen werden, geht ein automatischer Alarm an alle großen Observatorien der Welt. Wir wollen bereit sein und die Teleskope ausgerichtet haben, wenn das Licht der Supernova uns schließlich erreicht. Wenn Sie also gern ein paar Stunden früher wissen wollen würden, dass sich eine Supernova in unserer Milchstraße ereignen wird, tragen Sie sich doch einfach in die *SNEWS* Mailingliste ein[35].

Und sogar unsere eigene Erde können wir durch Neutrinos besser verstehen. Das brodelnde Innere unseres Planeten bleibt uns fast genauso verborgen wie das Innere ferner Sterne. Doch Neutrinos aus dem Erdinneren verraten uns, was unter unseren Füßen vor sich geht. Das radioaktive Material, das für einen Großteil der Hitze im Erdinneren verantwortlich ist, erzeugt nämlich auch große Mengen an Neutrinos. Vor allem aber geht es um Neutrinos, die auf der anderen Seite der Erde in der Erdatmosphäre erzeugt werden und dann durch die Erde durchfliegen. Dabei interagieren sie – kaum, aber doch – mit den verschiedenen Schichten im Erdinneren, und zwar unterschiedlich stark, je nach Dichte und Zusammensetzung der jeweiligen Schicht. Die Erde kann mit Neutrinos durchleuchtet, also tomographiert werden. So können wir auf unabhängige Weise den Aufbau der Erde rekonstruieren. Erste Experimente und Vergleiche mit seismischen Daten sehen sehr vielversprechend aus[36].

---

* Siehe Kapitel Oktober.

Die unscheinbaren Neutrinos entstehen dort, wo die ärgsten Dinge im Universum passieren. Sei es die Kernfusion im Inneren der Sterne, Sternexplosionen oder supermassereiche Schwarze Löcher in aktiven Galaxienkernen, die immense Gammastrahlen-Ausbrüche erzeugen, überall sind sie vorne mit dabei. Und sogar bei der Suche nach der Natur der Dunklen Materie könnten sie entscheidend mithelfen. Neutrinos selbst wären ein idealer Kandidat für die Dunkle Materie, wären sie nicht so schnell. Dunkle Materie besteht aus Teilchen, die nicht oder so gut wie nicht mit anderer Materie interagieren, genau wie Neutrinos. Wir wissen auch, dass Neutrinos eine wenn auch winzige Masse haben und dass es ungeheure Mengen von ihnen gibt; sie sind also überall. Doch leider sind sie zu warm. Nicht warm im gewöhnlichen Sinne, sondern *dynamisch* warm, also schnell. Damit sich große Strukturen bilden können, damit die ganze Materie zusammenklumpen kann, wie sie es offensichtlich tut, braucht es aber *kalte* Dunkle Materie. Mit warmer Dunkler Materie, die sich die ganze Zeit hektisch durch den Raum bewegt, hätten sich nie Galaxien, Sterne und Planeten bilden können. Das Neutrino scheidet also leider als möglicher Bestandteil der Dunklen Materie aus. Dennoch ist ein anderes schwach interagierendes Teilchen, das dem Neutrino ähnlich, aber dynamisch kalt ist, unser heißester Tipp auf der Suche nach der Dunklen Materie. Dieses hypothetische Teilchen wäre natürlich ähnlich schwer zu finden. Doch je mehr wir über das Neutrino wissen, desto eher kommen wir vielleicht auch bei der Suche nach der Dunklen Materie auf die richtige Spur.

Die Beobachtung des Himmels mit Teleskopen wird in

Zukunft nur eine von vielen Arten sein, wie wir dem Universum seine Geheimnisse entlocken. Wir stehen gerade erst am Beginn dieser sogenannten Multi-Messenger-Astronomie, die sich nicht mehr nur auf das oft unzurechnungsfähige Licht verlässt. Vielleicht sprechen wir ja in einigen Jahrzehnten oder Jahrhunderten von traditioneller Astronomie, die mit Teleskopen betrieben wird, und daneben von Komplementär-Astronomie oder gar alternativer Astronomie, die Neutrinos und Gravitationswellen beobachtet. Nur dass das in dem Fall bei beiden nichts mit esoterischem Geschwurbel zu tun haben wird.

Dezember

The Far Side of the Moon

Was wir von der dunklen Seite lernen können

12

Er ist das uns nächstgelegene Himmelsobjekt, das einzige, das auch neben der Sonne tagsüber am Himmel zu sehen ist – zumindest bis endlich eine Supernova in unserer galaktischen Nachbarschaft explodiert*. Dennoch ist ein bedeutender Teil dieses Himmelskörpers komplett unsichtbar, zumindest von der Erde aus gesehen. Es geht um die dunkle Seite unseres Mondes.

Hier gleich ein Spoiler: Die dunkle Seite des Mondes gibt es nicht. Okay, es ist immer genau eine Hälfte des Mondes in Dunkelheit gehüllt, aber es ist nicht immer *die gleiche* Hälfte, die dunkel ist. Was es allerdings gibt, ist die *far side*, also die ferne Seite. Es ist diejenige Hälfte des Mondes, die immer von der Erde weg zeigt. Wir blicken von der Erde aus immer auf die gleiche Seite des Mondes, egal wo im Weltraum er gerade steht, ob auf der Seite der Sonne oder ihr gegenüber. Das vertraute Gesicht des Mondes, das uns auf Schritt und Tritt verfolgt. Oder der Hase, den viele Menschen in den dunklen Flecken der Mondoberfläche erkennen. Ob es der Hase oder das Gesicht ist, das man zu sehen glaubt, hängt übrigens nicht nur vom Kulturkreis und der Lebendigkeit der Fantasie ab, sondern auch von der geografischen Breite des Beobachters. Je weiter südlich Sie sich befinden, desto

---

* Siehe Kapitel Oktober.

eher sehen Sie die Hasenform. Das können Sie auch leicht ohne klimaschädliche Flugreise ausprobieren, indem Sie den Kopf zur Seite neigen und so einen südlicheren Blickwinkel simulieren. Aber egal, was Sie im Mond sehen – oder ob Sie vielleicht auch überhaupt nichts sehen außer Kratern –, es ist auf jeden Fall immer das Gleiche.

Warum ist das so? Mond und Erde haben sich im Laufe der Zeit in ihrer Bewegung aufeinander abgestimmt. Das Phänomen heißt Gezeitenreibung und liegt daran, dass Erde und Mond einander gegenseitig durch ihre Anziehungskraft in die Länge ziehen. Beide sind keine Kugeln, sondern Ellipsoide: etwas dicker beziehungsweise etwas schmaler an den einander gegenüberliegenden Seiten. Und jetzt drehen sich Erde und Mond auch noch, nämlich nicht nur um den gemeinsamen Schwerpunkt, sondern auch um die eigene Achse. Dadurch kommt es auf der Erde zu den Gezeiten, den zwei Wasserbergen, die sich langsam über die Erdoberfläche wälzen. Doch für die Gezeiten braucht es kein Wasser. Auch das Gestein selbst wird Richtung Mond bzw. Richtung Erde gezogen und ausgebeult. Durch die Drehung dieser ausgebeulten Ellipsoide verändern Erde und Mond ständig ihre Form und es kommt zu einer Kraft, die die Drehung bremst. Die Erde bremst den Mond und der Mond bremst die Erde. Und da die Erde doch um einiges schwerer ist als der Mond, hat sie ihn schon komplett abgebremst, also in den idealen Bewegungszustand gebracht, der am wenigsten Aufwand bedeutet. Der Mond dreht sich genau einmal um seine Achse, während er sich um die Erde herum bewegt.

Doch auch der Mond hat die Erde gebremst, und zwar

nicht unerheblich. Der Erdtag hat sich seit der Entstehung des Mondes etwa um einen Faktor 3 verlängert. Das heißt, ein Tag auf der jungen Erde dauerte nur 8 Stunden. Wir können also sehr froh sein, dass vor vier Milliarden Jahren der Protoplanet Theia in die junge Erde hineingekracht, mit ihr verschmolzen ist und so aus den Resten der Kollision den Mond hervorgebracht hat. Nicht nur, weil er uns eine ungesunde Work-Life-Balance mit 2–3 Stunden Schlaf erspart hat, sondern weil die damalige rasante Drehung allerhand andere unerfreuliche Konsequenzen hätte: Extreme Windgeschwindigkeiten zum Beispiel in einer höchst turbulenten Atmosphäre. Wir haben dem Mond tatsächlich unser Leben zu verdanken. Und seine Bremswirkung ist noch nicht vorbei. Ein Erdtag wird jedes Jahr um 16 Mikrosekunden länger. Nutzen Sie die Zeit weise!

Wir sehen also von der Erde aus nur eine Hälfte des Mondes. Doch sehen wir wirklich genau eine Hälfte? Nein, denn der Mond wobbelt ein bisschen hin und her – zumindest von der Erde aus gesehen. Wir sehen zu jedem Zeitpunkt immer genau die Hälfte, aber im Lauf der Zeit bewegt sich der Mond so, dass wir doch ein wenig mehr zu sehen bekommen. Auf seiner elliptischen Umlaufbahn ist er nämlich manchmal etwas schneller und manchmal etwas langsamer unterwegs. Doch seine Eigendrehung bleibt immer gleich schnell. Das heißt, er hat sich manchmal schon etwas weiter herum gedreht und manchmal noch nicht weit genug. Wir sehen ihn quasi manchmal von etwas »weiter rechts« und dann von etwas »weiter links« und somit insgesamt mehr als die Hälfte, ungefähr 60 Prozent. Das Phänomen nennt man Libration. Unnützes Wissen könnte man meinen, doch wer weiß, vielleicht bringt es Ihnen bei *Wer wird Millionär* irgendwann mal viel Geld ein.

Mit dunkler Seite ist also die von der Erde abgewandte, unbekannte Seite des Mondes gemeint, in etwa so, wie die Dunkle Materie und die Dunkle Energie eigentlich nicht dunkel, sondern einfach unbekannt sind. Doch mittlerweile ist uns die Rückseite des Mondes nicht mehr unbekannt. Vor 65 Jahren durfte die Menschheit zum ersten Mal einen Blick auf die von der Erde abgewandte Seite des Mondes werfen: durch die Augen der sowjetischen Raumsonde Luna 3. Und die Überraschung war groß, als sich uns die unbekannte Seite des Mondes zum ersten Mal offenbarte. Nicht weil wir dort Nazis, Dinosaurier oder Elvis entdeckten, sondern weil klar wurde, dass die Rückseite des Mondes ziemlich anders aussieht als die Vorderseite. Komplett anders ist sie natürlich nicht. Die Rückseite des Mondes ist keine paradiesische grüne Oase, sondern genauso grau, leer und von Kratern übersät wie die Vorderseite der großen Felskugel. Allerdings gibt es auf der Mondrückseite keine großen Mondmeere, also keine dunklen Ebenen, die dem Mond Ihr Gesicht geben. Die gesichtslose Rückseite des Mondes wirkt deshalb noch kälter, abweisender und lebensfeindlicher als seine uns vertraute Vorderseite.

Dieses Gefühl schwingt auch sehr schön in den Reiseberichten der ersten Menschen mit, die die Rückseite live zu sehen bekamen, noch dazu an einem besonderen Datum. Es war der 24. Dezember 1968, als ein guter Teil der restlichen Menschheit Weihnachten feierte und 400 000 Kilometer von den Feierlichkeiten entfernt Apollo 8 seine erste Runde um den Mond drehte, die erste Runde der Menschheit um einen anderen Himmelskörper. Die Astronauten flogen in nur gut 100 km Höhe über die Mondoberfläche und beschrieben nach der 45-minütigen Funkstille in der Einsamkeit hinter dem Mond ihre Eindrücke. Zuerst war die Raumkapsel in den Schatten des Mondes eingetreten und damit zum ersten Mal in absolute Dunkelheit gehüllt. Doch sogar die Dunkelheit hinter dem Mond ist nicht vollkommen. Es gab dort zwar kein Sonnenlicht und kein reflektiertes Licht der Erde, aber dafür das Leuchten von Millionen von Sternen, wie der Astronaut Bill Anders es beschrieb. Als er dann über seine Schulter durch das andere Fenster blickte, sah er die absolute Dunkelheit: das schwärzeste Schwarz der unbeleuchteten Mondoberfläche. Laut Anders war es der einzige Moment während der ganzen Reise, der ihm seine Nackenhaare aufstellte. Doch bald schon verschwand die Dunkelheit und unter ihnen erstreckten sich die Krater des Mondes. Eine gewaltige Weite, grau, still und einsam. Bill Anders war es auch, der kurz darauf eines der berühmtesten aller Bilder machte: *Earthrise*, der Erdaufgang über dem Mondhorizont, als sich die Kapsel wieder in Richtung Erde bewegte. Das Bild zeigte die Erde erstmals als blaues Juwel, unsere unschätzbar wertvolle Oase inmitten der Dunkelheit und Lebensfeindlichkeit des Weltraums. Etwas später kommentierte er das Bild mit dem Satz: *We came all this way to explore the moon, and the most important thing is that we discovered the Earth*. Apollo 8 hat sich aufgemacht, den Mond zu erforschen, aber tatsächlich die Erde entdeckt.

Im Laufe des Apollo-Programms sollten 24 weiße, US-amerikanische Männer in den Genuss kommen, die Mondrückseite direkt aus der Nähe zu betrachten. Doch gelandet sind sie alle auf der Vorderseite. Harrison Schmitt, der 1972 mit Apollo 17 als einer der beiden letzten Menschen auf dem Mond war, wollte unbedingt auf der Rückseite des Mondes landen. Schmitt war Geologe und der erste Wissenschafts-Astronaut, also das, was heute eigentlich gang und gäbe ist. Er war sich der wissenschaftlichen Bedeutung einer Landung dort bewusst und wollte die NASA überzeugen, mit Apollo 17 auf der *far side* zu landen und Gesteinsproben zu sammeln. Er hatte dafür sogar ein eigenes Proposal ausgearbeitet, das auch einen Kommunikationssatelliten in der Mondumlaufbahn vorsah, um Funkkontakt während des Abstiegs, der Landung und Dauer der Mission auf der Oberfläche zu halten. Der NASA war das Ganze aber leider zu gefährlich und zu teuer.

Die erste Landung auf der Rückseite des Mondes fand erst im Jahr 2019 statt, jedoch war es nicht die NASA, sondern die Chinesische Raumsonde Chang'e 4 mit dem kleinen Rover Yutu 2 an Bord. Chang'e ist der Name der chinesischen Mondgöttin und Yutu der Mondhase, ihr Begleiter. Der Jadehase lebt also seitdem nicht mehr nur in Mythen aus dem Reich der Mitte, sondern tatsächlich auf dem Mond. China betreibt seit fast zwanzig Jahren ein sehr erfolgreiches Mondprogramm und hat mittlerweile schon drei erfolgreiche Mondlandungen zu verbuchen, allerdings ohne menschliche Besatzung. Die vierte, Chang'e 6, ist gerade im Gange*. Chang'e 6 ist Anfang Juni 2024 erfolgreich wieder auf der Mondrückseite gelandet. Das eigentliche Ziel der Mission ist aber nicht nur die Landung: Chang'e 6 soll

* Stand Anfang Juni 2024.

Material von der Mondrückseite sammeln und Ende Juni 2024 zur Erde zurückbringen.

Aber warum ist eine Landung auf der Mondrückseite überhaupt so bedeutsam? Warum brauchen wir Material von der Mondrückseite, wenn wir doch schon jede Menge Material von der Vorderseite haben? Es gibt dort gewisse Gegenden, die uns erlauben, die Entstehungsgeschichte des Mondes zu beleuchten, die ja auch ein Teil unserer eigenen Geschichte ist. Eine dieser Gegenden ist das *South Pole-Aitken (SPA) Basin*, wo auch Chang'e 6 gelandet ist. Diese Tiefebene ist ein gigantischer Einschlagkrater, wo höchstwahrscheinlich Material aus den Tiefen des Mondes an die Oberfläche transportiert wurde. Dort könnten also ohne großen Aufwand die verschiedenen Schichten des Mondes beinahe direkt untersucht werden. Zu erwarten sind dort auch unbekannte Gesteinsarten mit potentiell interessanten Eigenschaften, die durch die große Hitze des Einschlags entstanden sind. Die Geschichte des frühen Sonnensystems ist auf der Rückseite des Mondes seit Milliarden von Jahren quasi eingefroren und wartet darauf, von uns entdeckt zu werden.

Und wir wollen wissen, warum die Rückseite des Mondes so anders ist als seine Vorderseite. Was könnte die unterschiedlichen Eigenschaften der beiden Seiten erklären? Was hat unsere Seite, was die Rückseite nicht hat und umgekehrt? Unsere Seite bekommt zum Beispiel mehr Licht vom Streulicht der Erde. Das kann man auch gut sehen, wenn der Mond als schmale Sichel am Abendhimmel steht: der sogenannte Erdschein oder Da-Vinci-Glow, der als gräulicher Schimmer auf dem dunklen Teil des Mondes zu sehen ist. Es ist das Sonnenlicht, das an der Erde reflektiert wird, auf den Mond fällt und wieder zu uns zurückkommt – unsere eigene kollektive Reflexion. Andererseits bekommt die Vorderseite auch manchmal weniger Licht, nämlich bei einer Mondfinsternis, die es auf der Rückseite des Mondes nicht gibt. Das Licht kann es also nicht wirklich sein.

Der andere, seit Luna 3 offensichtliche Unterschied ist das Fehlen großer Krater, die von Lava geflutet wurden: die Mondmeere. Das Spannende dabei ist, dass es auf der Mondrückseite sehr wohl große Krater gibt, sie aber nicht mit flüssigem Gestein aufgefüllt wurden. Warum genau es auf der Rückseite des Mondes nicht zu großen Lava-Flüssen gekommen ist, wissen wir noch nicht, aber es hat etwas mit der Dicke der Mondoberfläche zu tun: Die Vorderseite des Mondes hat eine dünnere Kruste, durch die das damals noch flüssige Gestein in seinem Inneren nach einem großen Einschlag leichter nach oben durchbrechen konnte. Aber warum? Eine Theorie ist, dass es an der Hitze der jungen Erde lag. Nach dem großen Zusammenstoß von Theia und Erde und der folgenden Entstehung des Mondes, wurde die der Erde zugewandte Seite des Mondes stärker aufgeheizt und blieb länger flüssig. Die Rückseite begann so möglicherweise schon früher abzukühlen und zu kristallisieren. So entwickelte sich auf der Rückseite eine dickere, robustere Kruste, die auch von größeren Einschlägen nicht mehr so leicht zu durchbrechen war. Aber um das Rätsel zu lösen, brauchen wir das Material von der Mondrückseite.

Und das ist erst der wissenschaftliche Anfang. Aus astronomischer Sicht ist die Rückseite des Mondes natürlich der ideale Standpunkt für allerlei Teleskope. Abgeschirmt vom

Lärm der Zivilisation, dem Licht der Erde und ohne jegliche Atmosphäre bietet der Mond einen kristallklaren Blick hinaus ins Universum. Besonders aufregend ist aber eine ganz bestimmte Art von Teleskop, das sich so auf der Erde überhaupt nicht realisieren ließe: ein gigantisches, simuliertes Radioteleskop. Mit Hilfe der Interferometrie könnte man mit einem Radioteleskop auf dem Mond so scharfe Bilder machen wie mit einem Teleskop, das so groß ist wie die Entfernung *zwischen* Erde und Mond. Das Event Horizon Teleskop* hat diese Technik genutzt, um mit den großen Radioteleskopen auf der Erde ein erdgroßes Teleskop zu erzeugen und so das erste Bild eines Schwarzen Lochs aufzunehmen. Würde zu dem Teleskop-Netzwerk auf der Erde ein Radioteleskop auf dem Mond kommen, könnten wir damit die Oberflächen anderer Sterne und vermutlich sogar die Oberflächen anderer Planeten, die um andere Sterne kreisen, auflösen.

Außerdem könnte so ein riesiges Radioteleskop auch lange Radiowellen beobachten, die von der Erdatmosphäre abgeblockt werden und so bis jetzt für uns unbeobachtbar sind. Diese langen Radiowellen erwarten wir vom Wasserstoffgas im ganz frühen Universum, noch bevor es die ersten Sterne und Galaxien gab. Ein großes Radioteleskop auf der Rückseite des Mondes könnte diese Radiowellen aus der frühen Kindheit des Universums, den sogenannten *Dark Ages,* einfangen. Dieses Radioteleskop würde idealerweise in einen Krater hineingebaut werden, um Konstruktionsmaterial zu sparen und um mit dem hohen Kraterrand für natür-

---

* Siehe Kapitel April.

liche Abschirmung zu sorgen. Dank der langen Wellenlänge der Radiostrahlung bräuchte es auch keine kontinuierliche Oberfläche. Die Teleskopschüssel könnte aus einem Drahtgeflecht bestehen, das relativ einfach in einen Mondkrater hineingespannt werden kann. Das *Lunar Crater Radio Telescope*[37] existiert auch schon als Projektvorschlag, befindet sich aber aktuell noch in einer frühen Entwicklungsphase. Ein kleines Vorläufer-Experiment der NASA namens *LuSEE-Night*[38], soll 2026 mit einem privaten Anbieter im Rahmen der *Commercial Lunar Payload Services* Initiative der NASA auf der Rückseite des Mondes landen. Wenn alles gutgeht, könnte also in nicht allzu ferner Zukunft die *dunkle Seite* des Mondes das dunkle Zeitalter des ganz jungen Universums beleuchten.

Was sind diese *Commercial Lunar Payload Services*? Es handelt sich dabei um private Lieferservices zum Mond, deren Entwicklung und Aufbau die NASA unterstützt und aktiv vorantreibt. Private Anbieter sollen dabei *Payloads*, also Experimente, Equipment und Material zum Mond bringen und so den Mond in einen blühenden Wirtschaftszweig verwandeln. *Geht's der Wirtschaft gut, geht's uns allen gut**, ist dabei anscheinend die Logik. Und auch die Rückseite des Mondes bietet abgesehen vom wissenschaftlichen Interesse reichlich Raum für kommerzielle Interessen – oder sollte man Ausbeutung dazu sagen? Ein großes Thema ist der Abbau von Helium-3, einem Helium-Isotop, das statt aus zwei nur aus einem Neutron besteht. Davon gibt es auf der Rückseite des Mondes vermutlich sehr viel, da es durch den Sonnenwind

* Einst ein Werbeslogan der Wirtschaftskammer Österreich.

entsteht, dem die Rückseite des Mondes ja ungeschützt ausgeliefert ist. Was ist so spannend an Helium-3? Es soll Kernfusion ohne radioaktive Abfälle ermöglichen, da bei der Fusion keine Neutronen frei werden. Allerdings braucht die Heliumfusion auch viel höhere Temperaturen und könnte jede Menge andere Problematiken aufweisen, die wir noch nicht kennen. Was auch immer auf dem Mond tatsächlich zu holen sein wird, seine kommerzielle Erschließung ist im Gange und wir sollten uns rasch überlegen, ob und wie wir das als Weltgemeinschaft handhaben wollen.

Während die kommerziellen Lieferservices also vielleicht schon bald das Essen auf den Mond liefern, konzentriert sich die NASA auf die Wissenschaft und darauf, Menschen sicher zum Mond zu bringen. Denn bald ist es wieder so weit: nach über 50 Jahren sollen tatsächlich wieder Menschen auf dem Mond landen. Und nicht nur das. Der Bau einer Mondstation ist auch schon im Gange – allerdings wird es zunächst keine Station auf der Mondoberfläche sein, sondern eine Raumstation in einer Umlaufbahn um den Erdtrabanten. Das sogenannte *Lunar Gateway*, das Tor zum Mond, soll in den nächsten Jahren, vermutlich ab 2027, mit den ersten beiden Modulen in Betrieb gehen.

Die neue Mondmission ist nach Artemis, der Zwillingsschwester Apollos benannt und soll dementsprechend für mehr Diversität und eine nachhaltige Präsenz am Mond sorgen. Nachhaltigkeit heißt in dem Fall nicht vermehrte Mülltrennung auf der Mondoberfläche, sondern es geht darum, unsere Präsenz zukunftsfähig zu machen und aufrechtzuerhalten. Nachdem hoffentlich im September 2025 beim Rundflug der Artemis-II-Crew um den Mond alles gutgeht, ist die nächste Mondlandung mit Artemis III für September 2026 geplant*. Bis dahin muss auch die von *SpaceX* entwickelte Landefähre *HLS (Human Landing System)* in die Mondumlaufbahn gebracht werden. Die Raumkapsel mit der Artemis-III-Crew wird dann an das *HLS* andocken und zwei der vier Crewmitglieder zur Oberfläche bringen. Wir wissen noch nicht, wer es sein wird, aber es soll auf jeden Fall sowohl die erste Frau als auch die erste *Person of Color* dabei sein. Auch die Landestelle ist noch nicht fixiert. Die NASA hat 13 potentielle Landeplätze ausgewählt, die sich alle in unmittelbarer Umgebung des Mond-Südpols befinden. In den permanent beschatteten Kratern dieser spärlich beleuchteten Gegend könnte es größere Mengen an Wassereis geben, allerdings ohne Geschmack, also keine Flutschfinger, sorry. Diese Wasservorkommen wären natürlich für die zukünftige Versorgung von Menschen, aber auch für die Herstellung von Raketentreibstoff sehr interessant. Auch die weiteren geplanten Artemis-Missionen IV bis VII werden in der Gegend landen und jeweils eine knappe Woche auf der Mondoberfläche verbringen. Ab Artemis V soll dann auch ein Mondrover für weitere Erkundungstouren mit dabei sein und ab Artemis VII sogar ein *pressurized Rover*, also ein Mondmobil mit Atmosphäre. Es ist eine Art Wohnwagen, mit dem die Crew auch ohne Raumanzüge bequem unterwegs sein kann. Mit jeder weiteren Mission wird auch jeweils ein Modul des Gateways in die Mondumlaufbahn befördert und so die Mondstation Stück für Stück ausgebaut. Das Gateway soll ja ultimativ nicht nur als Tor zum

---

* Stand Juni 2024.

Mond fungieren, sondern auch *beyond*, also weiter hinausführen. Es ist wahrscheinlich, dass unsere erste Reise zum Mars auch am Gateway ihren Anfang nehmen wird.

Über Artemis VII hinaus gibt es zwar schon Pläne, aber die Finanzierung ist noch nicht fixiert und das Programm dementsprechend noch recht spekulativ. Es könnte aber mit Artemis VIII und IX das erste fixe Habitat auf der Mondoberfläche gebaut werden, in dem auch längere Missionen von mehreren Monaten stattfinden können. Wenn alles glattläuft, könnten sich ab 2035 verschiedene Crews nach sechs bis zwölf Monaten auf dem Mond abwechseln und ihn so zu einem permanent bewohnten Außenposten der Menschheit machen. Mit Artemis sind wir tatsächlich gekommen, um zu bleiben. Und wer weiß, wo uns diese Reise noch hinführen wird.

Danksagung

Ich bedanke mich bei Christian Koth, dem besten Lektor in diesem Spiralarm der Galaxis, für seine Unterstützung, seine Unkompliziertheit, das Teilen seiner Expertise und dafür, dass er immer versteht, was ich meine und es auch noch meistens in Worten ausdrücken kann.

Danke an Christian Rother und das Büro Alba, das vermutlich beste Grafikbüro auf einem Gesteinsplaneten, der um einen G-Stern kreist, für die Übersetzung des Unsichtbaren in die grandiosen und sehr sichtbaren Illustrationen in diesem Buch. Dank ihnen kann man das Buch auch getrost nur wegen der Bilder kaufen.

Danke auch an Holger Klein, bester Podcaster der Lokalen Gruppe, wenn nicht sogar Laniakeas, der sich schon seit ein paar Jahren von mir die ärgsten Geschichten aus dem sichtbaren und unsichtbaren Universum erzählen lässt und damit die Inspiration für dieses Buch geliefert hat. Danke, dass ich ein kleiner Teil des WRINT-Universums sein darf. Denn wer redet, ist tatsächlich nicht tot.

Ein großer Dank geht an Florian Freistetter, den mit Sicherheit besten Himmelsmechaniker & Wissenschaftskommunikator des Sonnensystems, der mir versichert hat, dass ich zumindest in dem vorliegenden Text keinen allzu groben Schwachsinn verbreitet habe.

Danke an Albert Geist für die geistreichen Gespräche, für gute Ideen und einen sehr inspirierenden Schreibtisch, beinahe am Ende des Universums.

Und last but not least, bedanke ich mich bei Georg Zenta fürs Zuhören, fürs Mitfiebern und für den ganzen Rest.

Endnoten

1 https://spotthestation.nasa.gov/
2 http://www.exoplanet.eu/catalog/
3 https://de.wikipedia.org/wiki/Liste_potentiell_bewohnbarer_Planeten
4 https://webbtelescope.org/news/first-images/gallery
5 https://doi.org/1048550/arXiv.2309.05566
6 https://doi.org/103847/2041-8213/ad3801
7 https://doi.org/103847/2041-8213/ad206e
8 https://www.derstandard.de/story/3000000220439/astrophysikerin-kaltenegger-was-koennten-aliens-denn-von-uns-lernen
9 https://ciclops.org/news/making_sense.php%3Fid=6431.html.
10 https://science.nasa.gov/missions/dragonfly/nasas-dragonfly-rotor craft-mission-to-saturns-moon-titan-confirmed/
11 https://doi.org/101086/150317
12 z.B https://doi.org/101046/j.1365-8711.199902964.x
13 https://doi.org/101086/589500
14 https://doi.org/101088/0004-637X/768/2/139
15 https://doi.org/101051/0004-6361/20234751
16 https://www.dragonflytelescope.org/
17 https://doi.org/101103/PhysRevLett.125111105
18 https://doi.org/103847/1538-4357/ab3eb9
19 https://doi.org/103847/1538-3881/ab570f
20 https://svs.gsfc.nasa.gov/14576
21 https://doi.org/103847/1538-4357/ac739e
22 https://www.uclan.ac.uk/news/big-ring-in-the-sky
23 https://doi.org/101038/nature13674
24 https://doi.org/101086/428890
25 https://doi.org/101093/mnras/stac2204
26 https://doi.org/101016/j.cub.2012.12.03

27 SDO Daten: https://sdo.gsfc.nasa.gov/data/; daily Movies: https://sdo.gsfc.nasa.gov/assets/img/dailymov/movies_1080/

28 https://doi.org/101126/science.aay3821

29 https://svs.gsfc.nasa.gov/12587

30 https://www.aufbau-verlage.de/aufbau-digital/lastenrad-durch-die-galaxis/978-3-8412-2838-3

31 https://doi.org/101046/j.1365-8711.200306902.x

32 https://www.esa.int/esapub/bulletin/bullet103/reinhard103.pdf

33 Die beiden Research-Papers: https://doi.org/101086/307221 und https://doi.org/101086/300499

34 https://apod.nasa.gov/apod/ap980605.html

35 https://snews2.org/alert-signup/

36 https://doi.org/101038/s41567-018-0319-1

37 https://www.jpl.nasa.gov/news/lunar-crater-radio-telescope-illuminating-the-cosmic-dark-ages

38 https://www.cosmo.bnl.gov/node/5

Bildquellen

01 - Januar

Hintergrund: AdobeStock #319 341 680

Saturn: Unsplash / NASA

Pluto: NASA

https://images.nasa.gov/details/PIA19857

Jupiter: NASA

https://images.nasa.gov/details/PIA22946

Planet: NASA

https://images.nasa.gov/details/PIA16853

Haus: Unsplash / Dhruv Saran Mehra

Baum: AdobeStock #564 134 213

Teleskop: AdobeStock #182 299 316

Wegweiser: AdobeStock #338 808 330

Verkehrsschild: AdobeStock #542 115 783

02 - Februar

Hintergrund: NASA

https://images.nasa.gov/details/GSFC_20 171 208_Archive_e001 262

Waage: AdobeStock #115 834 787

Erdkugel: Unsplash / NASA

Gewichte: AdobeStock #73 286 336

Space Shuttle: KI generiert / Midjourney

03 - März

Hintergrund: Unsplash / Alexander Andrews

Mund: Unsplash / Alexander Krivitskiy

Erdkugel: Unsplash / NASA

Strudel: Freepik

Asteroid oben: AdobeStock #534 160 102

Asteroid unten: KI generiert / Midjourney

Astronaut: AdobeStock #286 219 952

04 - April

Hintergrund: Unsplash / Nic Chi

Kamera: Unsplash / Patrick

Foto: AdobeStock #200 033 928

Eiswürfel: AdobeStock #281 482 162

Eis am Stiel: AdobeStock #163 323 612

Teleskop: Unsplash / Daniel Gregoire

Asteroid: KI generiert / Midjourney

05 - Mai

Hintergrund: ESA

https://www.esa.int/ESA_Multimedia/Images/2009/02/Ursa_Major_and_Coma_Berenices_wide-field_view

Ausguss: GettyImages #97 396 674

Lastenrad: Mafalda Rakos (siehe *Per Lastenrad durch die Galaxis*)

Asteroid: KI generiert / Midjourney

06 - Juni

Hintergrund: Unsplash / Christian Wiediger

Käfer: AdobeStock #277 875 502

Rakete: AdobeStock #254 697 464

Teleskop: AdobeStock #522 410 772

Planet: AdobeStock #522 414 895

Rasterstruktur: Freepik

07 - Juli

Hintergund: NASA

https://images.nasa.gov/details/PIA21 604

Magneten: AdobeStock #592 682 348

Mozartkugel: Pixabay #116 778

Schere: AdobeStock #107 018 905

Gabel: AdobeStock #131 243 769

Auto: AdobeStock #535 700 769

Eiffelturm: AdobeStock #169 513 304

Münze: AdobeStock #410 449 171

Büroklammer: AdobeStock #558 368 914

Schraubenschlüssel: AdobeStock #227 885 594

Hubble-Teleskop: NASA (siehe *Per Lastenrad durch die Galaxis*)

08 - August

Hintergrund: Unsplash / Guillermo Ferla

Feuer: Freepik

Thermometer: AdobeStock #264 403 256

ISS: NASA

https://images.nasa.gov/details/0 701 890

Kometen: KI generiert / Midjourney

Kleid: KI generiert / Midjourney

09 - September

Hintergrund: Unsplash / Bryan Goff

Grabsteine: Pexels / Juan Vargas

Wirbel: Freepik

Asteroid: KI generiert / Midjourney

Astronaut: AdobeStock #127 190 995

Sense: AdobeStock #178 595 319

Planet: AdobeStock #569 747 204

Raumschiff: KI generiert / Midjourney

10 - Oktober

Hintergrund: NASA

https://images.nasa.gov/details/GSFC_20 171 208_Archive_e001 934

Fernglas: Pixabay #4 186 091

Augen: AdobeStock #258 980 027

Stern: NASA

https://images.nasa.gov/details/PIA12 570

Zwerg: Unsplash / Lyndse Ballew

Stecker: AdobeStock #299 696 793

Sprengsatz: KI generiert / Midjourney

11 - November

Hintergrund: AdobeStock #353 024 251

Geist: KI generiert / Midjourney

Mann: Unsplash / Nathan Dumlao

Kröte: AdobeStock #509 907 779

12 - Dezember

Hintergrund: Unsplash / Aperture Vintage

Mond: NASA

https://images.nasa.gov/details/PIA14 021

Erde: Unsplash / NASA

Space Shuttle: AdobeStock #428 993 255

Satellit: AdobeStock #265 954 026

OHHH